Franz Rueß

Taschenatlas

Resistente und robuste Obstsorten

152 Farbfotos
14 Zeichnungen

Ulmer

Vorwort

Obst aus dem eigenen Garten schmeckt immer am besten. Selbst erzeugt und frisch vom Baum oder Strauch ist es ein Genuss für jeden Gartenbesitzer.

Wenn der Anbau im eigenen Garten gelingen soll, muss man sich allerdings schon vor der Pflanzung Gedanken über die Anbaubedingungen und die Sortenwahl machen. Die Gartengrundstücke sind heute bedeutend kleiner als früher. Der Standraum und die Baumformen für Obstgehölze müssen deshalb an den Garten angepasst sein. Im Streuobstanbau möchte man dagegen möglichst große und landschaftsprägende Obstbäume erzielen.

Ein weiteres Problemfeld im Garten ist der Pflanzenschutz. Es gibt keine Obstart, die nicht von Schaderregern befallen wird. Viele Gärtner wollen aber aus verschiedenen Gründen keinen oder nur einen begrenzten Pflanzenschutz betreiben. Daher ist es umso wichtiger, bei der Sortenwahl auf Robustheit gegenüber den wichtigsten Schaderregern zu achten.

Im vorliegenden Buch werden nur solche Obstsorten aufgeführt, die Resistenz- oder Toleranzeigenschaften aufweisen und sich unter den Praxisbedingungen des Mittleren Neckarraumes bewährt haben. „Resistente und robuste Obstsorten“ richtet sich an alle Obstgärtner, die ihren Obstgarten oder die Obstwiese attraktiv gestalten und zugleich aber auch nutzen wollen, ohne allzu viel Zeit in Pflege- oder Pflanzenschutzmaßnahmen investieren zu müssen.

Franz Rueß, Januar 2016

Vollblüte bei der Birnensorte 'Novembra'.

Inhaltsverzeichnis

Erläuterungen zu den Sortenbeschreibungen

Alle hier vorgestellten Sorten wurden auf dem Staatlichen Obstversuchsgut bei Bad Friedrichshall in der mittleren Neckarregion angebaut und hinsichtlich ihrer obstbaulichen Eignung geprüft. Der Anbau erfolgte je nach Kultur auf einheitlichen Unterlagen mit einem einheitlichen Erziehungssystem sowie einheitlichem Baumschnitt. Die Daten und Ergebnisse sind daher von Sorte zu Sorte vergleichbar. Speziell bei Apfel wurden ab dem Zeitpunkt der Nachblüte keine Fungizide mehr eingesetzt. Die gewonnenen Daten sind vor dem Hintergrund dieses Standorts zu beurteilen und gegebenenfalls für den eigenen Standort abzuändern.

Herkunft
Hier werden die Elternsorten der jeweiligen Sorte aufgeführt. Die Muttersorte steht dabei immer an erster Stelle. Ebenso sind die durchführende Institution und das Herkunftsland erwähnt. Da die meisten Neuzüchtungen heute unter Sortenschutz stehen, wurde ein bestehender oder beantragter Sortenschutz hier vermerkt (Stand 2015). Dies kann eine hilfreiche Information beim Bezug der Sorte sein.

Baum/Pflanze
Das Wachstum der Bäume oder Pflanzen wurde in die drei Kategorien schwach, mittel und stark unterteilt. Bei den Obstgehölzen sind die Anzahl der Verzweigungen und der Astabgang von Bedeutung. Weniger steile oder gar waagerechte Astabgänge bewirken ein schnelles und regelmäßiges Fruchten. Ziel ist dabei ein ausgeglichenes Verhältnis zwischen Fruchtung und Wachstum („physiologisches Gleichgewicht“ oder „ruhige Bäume“), was wenig Schnittaufwand verursacht. Bei den Strauch- und Erdbeeren wurden ebenfalls Erfassungen zur Wuchsstärke und zum Wuchstyp der Pflanzen gemacht.

Beurteilung
Zusammenfassend sind hier die wichtigsten Merkmale der Sorte noch einmal aufgeführt. Ebenso wird hier eine Aussage darüber getroffen, für welche Anbauform oder Verwendungsmöglichkeit die Sorte nach Ansicht des Verfassers am besten geeignet erscheint.

Fruchtbeschreibung
Die Fruchtbeschreibung soll neben der Abbildung der Sorte dazu dienen, im Falle der Ungewissheit über eine Sortenidentität eine Sortenbestimmung vornehmen zu können (siehe „Morphologische Fruchtmerkmale bei Apfel“ im Serviceteil, Seite 185).

Die geschmackliche Bewertung beruht sowohl auf den Ergebnissen von Verkostungen, als auch auf einer persönlichen Einschätzung des Verfassers.

Krankheiten/Schaderreger
Wie bereits erwähnt, erfolgte der Anbau der Sorten speziell bei Apfel weitestgehend ohne den Einsatz von Fungiziden. Auf diese Weise konnte umfangreiches Datenmaterial über die Krankheitsanfälligkeit gewonnen werden. Begleitende Erhebungen wurden zu allen anderen Schaderregern durchgeführt. Die anderen Kulturen wurden unter den Bedingungen der integrierten Produktion oder des ökologischen Anbaus kultiviert. Auch bei dieser Anbauweise sind detaillierte Aussagen zur Krankheitsanfälligkeit möglich.

Ertrag/Lagereignung
Die Aussagen zum Ertragsniveau einer Sorte beruhen auf den Erfahrungen von mehreren Anbaujahren (bei Apfel und Birne mindestens sechs Jahre) mit dieser Sorte. Auf eine absolute Darstellung in Form von Kilogramm je Baum wurde verzichtet, da diese Aussage von vielen Anbaufaktoren (Standort, Unterlage, Baumform) abhängt. Die relative Einteilung in die Kategorien gering, mittel und hoch beruht auf dem Vergleich zu Standardsorten bei dieser Kultur (z. B. 'Topaz' bei Apfel, 'Elsanta' bei Erdbeere etc.), deren Leistungsvermögen allgemein bekannt ist und die deshalb in jedem Sortenversuch als Vergleichssorten mit aufgepflanzt werden.

Die Aussagen zur Lagerfähigkeit der Sorten beruhen auf Erfahrungen mit der Haltbarkeit der beschriebenen Sorten in einem normalen Kühllager mit einer Lagertemperatur zwischen 2 und 5 °C und einer relativen Luftfeuchtigkeit von 85 %.

Fruchteigenschaften
Zusätzlich zur Fruchtbeschreibung wurde bewusst eine Rubrik „Fruchteigenschaften“ in den Taschenatlas aufgenommen, da diese absoluten Zahlen dem Gartenliebhaber eine genaue Bewertung der Sorten ermöglichen. Mithilfe der Kriterien Fruchtgewicht und Sortiergröße lässt sich die optische Erscheinung einschätzen. Die Eigenschaften Festigkeit, Zucker- und Säuregehalt sowie das errechnete Verhältnis daraus, erlauben eine geschmackliche Bewertung. Bei Apfel dient der Stärkewert der exakten Bestimmung des optimalen Erntetermins.

Das **Fruchtgewicht** in Gramm wurde als ertragsgewichteter Mittelwert aus allen Versuchsjahren ermittelt.

Bei Apfel und Birne ist der **Sortieranteil** in der Sortierklasse 70–85 mm Fruchtdurchmesser eine Maßgröße für die optimale Fruchtgröße. Diese Sortierung wird vom Verbraucher als ideal angesehen und an den Märkten am besten bezahlt. Je höher dieser Wert ist, desto mehr Früchte besitzen die ideale Fruchtgröße.

Die Werte **Festigkeit** (kg/cm^2), **Zucker** (% Brix) und **Säure** (g/l) wurden jeweils zum Zeitpunkt der Ernte ermittelt. Sie dienen zur geschmacklichen Bewertung der Früchte.

Die optimale Bissfestigkeit einer Apfelfrucht liegt bei 5–8 kg/cm^2. Werte unter 4 kg/cm^2 kennzeichnen eine weiche, vielleicht sogar schon als musig empfundene Frucht. Werte über 10 kg/cm^2 stehen für zu harte Früchte.

Die absoluten Zucker- und Säuregehalte sind interessant für bestimmte Verwertungsrichtungen der Früchte. In der Obstbrennerei wird großer Wert auf einen hohen Zuckergehalt gelegt, um eine hohe Alkoholausbeute zu erzielen. Für die Obstsafterzeugung wiederum können hohe Säuregehalte wichtig sein.

Das **Zucker-Säure-Verhältnis** (ZSV) ist ein Rechenwert, um den Geschmack einer Apfelfrucht einigermaßen messbar zu machen. Dabei werden die jeweiligen Mengenanteile des Zuckergehalts einer Sorte einem Mengenanteil Säure gegenübergestellt. Als sauer empfunden werden bei Apfel Sorten mit einem ZSV unter 13 zu 1. Betont süße Sorten haben ein ZSV über 25 zu 1. Die allgemein geschmacklich am besten beurteilten Apfelsorten 'Braeburn' oder 'Rubinette' haben ein ZSV von 17 zu 1. Aber bekanntlich ist der Geschmack relativ und bei jedem Menschen verschieden.

Der **Stärkewert** kann zur Ermittlung des optimalen Erntetermins von Apfelsorten herangezogen werden (siehe „Stärketabelle" im Serviceteil, Seite 187). Äußere Faktoren sind meistens zur Bestimmung des Reifegrades einer Frucht ungenügend (z. B. rote Fruchtfarbe suggeriert Reife), innere Faktoren sind besser dazu geeignet. Zur beginnenden Reife der Früchte wird die eingelagerte Stärke in Zucker umgewandelt. Der Abbaugrad der Stärke ist ein ideales Maß für den Reifezustand. Er ist jedoch von Sorte zu Sorte verschieden. Der Stärkewert kann auch im Freizeitgartenanbau einfach ermittelt werden. Dazu teilt man die zu untersuchenden Früchte in der Mitte durch und bestreicht die beiden Hälften mit Lugol'scher Lösung. Nach kurzer Zeit färbt sich die Stärke in den Früchten schwarz und man kann anhand der beigefügten Skala den Reifegrad feststellen. Leider ist diese Methode der Ernteterminbestimmung bei Stein- und Beerenobst nicht möglich, da diese Obstarten keine Stärke einlagern. Hier müssen andere Kriterien zur Reifebestimmung angewandt werden.

Der **Gehalt an Vitamin C** wird in einer fünfstufigen Wertungsskala (sehr gering, gering, mittel, hoch, sehr hoch) dargestellt. Er ist ein Maß für die gesundheitliche Bewertung einer Frucht. Weitere gesundheitliche Alleinstellungsmerkmale einer Sorte (z. B. „für Allergiker geeignet") sind im Text dargestellt.

Sorteneignung/Schnellbewertung
Anhand der folgenden Labels werden die herausragenden Eigenschaften bzw. der Verwendungszweck einer Sorte übersichtlich dargestellt. Sie ermöglichen einen raschen Überblick unter den Sorten.

Phänologische Daten
Diese Daten dienen zur Bewertung der Anbaufähigkeit in verschiedenen Regionen. Die Kriterien **Austrieb** und **Vollblüte** sind jeweils untergliedert in fünf Zeitpunkte (früh, mittelfrüh, mittel, mittelspät, spät). Früh austreibende und früh blühende Sorten können in bestimmten Anbaugebieten anfällig für Spätfröste sein. Das Wissen um den Austrieb/Blühzeitpunkt ist deshalb wichtig, um das Blütenfrostrisiko einer Sorte einschätzen zu können. Zudem

kann anhand der Blühzeitpunkte festgestellt werden, ob die ausgewählten Sorten hinsichtlich der Eignung als Befruchter zueinander passen. Die meisten Obstarten sind Fremdbefruchter. Um eine gute Befruchtung zu gewährleisten, sollten die Blühzeitpunkte eng beieinander liegen. So zum Beispiel kann eine früh blühende Sorte durch eine spät blühende nicht befruchtet werden, da deren Pollen zu spät ausreift.

Die absoluten Daten in Klammern dahinter sind bezogen auf den Prüfstandort in der Region mittlerer Neckar bei Heilbronn, ebenso der **Erntezeitpunkt**. Er ist zum einen dargestellt als Monatseinteilung (A = Anfang, A–M = Anfang bis Mitte, M = Mitte, M–E = Mitte bis Ende, E = Ende des angegebenen Monats), zum anderen als Mittelwert aus allen Anbaujahren. Die mittlere Neckarregion ist dabei als mittelfrüher Standort einzustufen, die sich im Vegetationsablauf eine Woche vor der Obstregion „Bodensee" und eine Woche nach der Obstregion „Mittelbaden" befindet.

Verwendete Symbole und deren Bedeutung

Symbol	Eigenschaft der Sorte/ Eignung
	Für den Haus- oder Kleingarten
	Für die Saftherstellung/ Mosterzeugung
	Für die Direktvermarktung
	Für die Brennerei
	Für den Streuobstanbau
	Sorte mit besonderen gesundheitsfördernden Eigenschaften
	Besonders gut lagerfähige Sorte
	Sorte mit guten Backeigenschaften

Anbauhinweise zu den Kulturen

Äpfel

Anbauhinweise

Keine andere Obstkultur ist derart weit verbreitet wie der Apfel. Er ist die wichtigste Obstart in Europa. Die Genzentren des Apfels liegen im Kaukasus und im Altaigebirge. Der Name der im heutigen Kasachstan liegenden Stadt Alma-Ata wird als „Stadt der Äpfel" übersetzt. Sehr wahrscheinlich hat die indogermanische Völkerwanderung schon früh zu einer weiten Verbreitung von Apfelsamen aus diesen Gebieten nach Europa geführt. Die ältesten Funde von Apfelfrüchten im Raum Heilbronn stammen bereits aus der Jungsteinzeit (3000 bis 1800 v. Chr.). Die Urformen Zwergapfel (*Malus pumila*) und Holzapfel (*Malus sylvestris*) gelten als Ahnen des heutigen Kulturapfels (*Malus domestica*). Die laufende Selektion des Ursprungsmaterials des Apfels durch den Menschen über die Jahrtausende und geografischen Distanzen hinweg führten zu der Vielzahl an Sorten, die wir heute kennen. Weltweit sind über 30 000 Apfelsorten bekannt.

Die ökologische Anbaubreite des Apfels ist sehr groß, das heißt, für nahezu jeden Standort gibt es geeignete Sorten. Optimale Standorte haben ein günstiges Wärmeklima (> 7,5 °C Jahresmitteltemperatur), sind wenig spätfrostgefährdet, haben eine regelmäßige Wasserversorgung und gute Bodenfruchtbarkeit mit neutralem bis schwach saurem pH-Wert. Durch die Auswahl von entsprechenden Unterlagen kann man eine weitere Standortanpassung vornehmen. Grundsätzlich gilt: Je schwächer die Wuchsstärke der Unterlage, desto besser sollte die Qualität des Standortes sein. Für schlechtere Standorte sind Unterlagen mit stärkerem Wuchs besser geeignet, da nur ein kräftiger Baum mit weitläufig verzweigtem Wurzelwerk robust ist.

Die Unterlage (= der Wurzelteil des Baumes) beeinflusst die Standfestigkeit und die Größe des Baumes. Darüber hinaus gibt es Effekte auf die Fruchtqualität (z. B. Größe, Ausfärbung), Frosthärte und die Widerstandsfähigkeit gegenüber Schaderregern. In kleinen Hausgärten müssen zwangsläufig schwach wachsende Unterlagen verwendet werden, da die Bäume sonst den zugedachten Standraum überschreiten. Bereits bei der Pflanzplanung müssen die entsprechenden Grenzabstände beachtet werden, um Streitigkeiten mit der Nachbarschaft vorzubeugen. Hierzu gibt es regional unterschiedliche gesetzliche Regelungen. Bäume auf schwach wachsenden Unterlagen haben einen höheren Pflegeaufwand, vor allem was die Regulierung von Grasbewuchs anbelangt. Sie benötigen eine unkrautfreie Baumscheibe und einen Pfahl. Eine Alternative für kleine Gärten sind Säulenbäume, die sehr wenig Standraum benötigen und auf stark wachsende Unterlagen veredelt werden.

In großen Gärten und im Streuobstanbau dagegen sind stärker wachsende Unterlagen empfehlenswert, da derartige Bäume weniger Pflegeaufwand benötigen und eine höhere Widerstandsfähigkeit gegenüber Schaderregern haben. Auftretende Kalamitäten werden im gleichen oder im Folgejahr „überwachsen“. Eine Unkrautregulierung ist bereits nach wenigen Jahren nach der Pflanzung nicht mehr nötig, ebenso entfällt nach den Anwachsjahren der haltgebende Pfahl. Bäume auf stark wachsenden Unterlagen werden wesentlich älter als solche auf schwachen Unterlagen. Apfelbäume auf der Unterlage M 9 werden in der Regel nur 20 Jahre alt, auf Sämlingsunterlage ist ein Baumalter von 60 bis 80 Jahren problemlos zu erreichen.

Äpfel sind grundsätzlich Fremdbefruchter, das heißt, man benötigt mindestens zwei Sorten für einen guten Fruchtansatz. Die Befruchtung wird über Insekten bewerkstelligt, in der Regel sind dies Honigbienen oder Wildbienen. Geeignete Befruchtersorten sollten gleichzeitig oder kurz vor der zu befruchtenden Sorte blühen. Ausnahmen stellen die sogenannten „triploiden Sorten“ dar. Sie haben einen dreifachen Chromosomensatz und sind als Befruchter nicht geeignet. In der Regel sind die Befruchtungsbedingungen im Streuobstanbau und im Hausgarten kein Problem, da hier Sor-

Eigenschaften von Apfelunterlagen

Unterlage	Wuchsstärke	Ertrag (Beginn und Höhe)	Verhalten gegenüber Schadursachen
M 9	schwach, benötigt Pfahl	früh, regelmäßig, sehr hoch	widerstandsfähig gegen Kragenfäule, anfällig für Wühlmäuse, frostempfindlich
B 9	schwach, benötigt Pfahl	früh, regelmäßig, sehr hoch	frosthart
M 26	mittel, benötigt Pfahl	früh, mittleres Ertragsniveau	frosthärter als M 9, widerstandsfähig gegen Kragenfäule
MM 106	mittel, standfest	mittel, regelmäßig mittleres Ertragsniveau	etwas anfällig gegenüber Kragenfäule
MM 111	mittel, standfest	mittel bis spät, hohes Ertragsniveau, regelmäßig	widerstandsfähig gegen Kragenfäule, verträglich für Trockenheit
M 25	stark, standfest	mittel bis spät, sehr hohes Ertragsniveau, regelmäßig	widerstandsfähig gegen Kragenfäule, gute Frosthärte
Sämling	sehr stark, Streuobstbau	später Ertragsbeginn, unregelmäßig (Alternanz)	hohe Frostresistenz

tenmischungen vorliegen. In größeren Dichtpflanzungen mit nur einer Sorte und in Solitärlagen sollten aber entsprechend geeignete Sorten zusammen gepflanzt werden, um eine Befruchtung zu gewährleisten.

Apfelbäume bilden ihre Blüten und Früchte bevorzugt am zwei- und dreijährigen Holz aus. Ein regelmäßiger Baumschnitt ist daher unumgänglich, um immer wieder junges Holz zu erzeugen. Es gibt viele verschiedene Erziehungs- und Schnittempfehlungen für Apfelbäume, die in der entsprechenden Fachliteratur beschrieben werden. Grundsätzlich haben sich in Abhängigkeit von der Wuchsstärke des Baumes zwei Formen herauskristallisiert: Für schwach wachsende Bäume verwendet man die sogenannte „schlanke Spindel“. Diese Bäume bekommt man bereits vorformiert aus der Baumschule und muss lediglich auf die Waagerechtstellung der Fruchtäste und den jährlichen Fruchtastumtrieb achten. Der Fruchtertrag setzt nahezu sofort ein. Diese Art der Baumerziehung wird im Erwerbsanbau am häufigsten praktiziert.

Im Streuobst- und Hochstammanbau, wo die Baumhöhe 6 m und darüber betragen soll, wird die Baumkrone als sogenannte „Dreiastkrone“ erzogen. Dazu werden dem Baum beim Pflanzschnitt auf einer Höhe von 1,60 bis 1,80 m nur drei bis vier Leitäste belassen. Diese werden durch Abspreizen oder Aufbinden in einen Winkel von 45° zur Mittelachse gestellt und auf eine gleichmäßige Höhe angeschnitten („Saftwaage“). Die Mittelachse (Stammverlängerung) überragt diese Leitäste in einem 120°-Winkel. Sowohl Stammverlängerung als auch Leitäste werden jährlich angeschnitten, um ein stabiles Grundgerüst für die Fruchtäste zu erzielen. In der Ertragsphase ist das Ziel des Baumschnitts die Erhaltung dieser Leitäste und die Erneuerung der dort befindlichen Fruchtäste.

Krankheiten und Schaderreger

Beim Anbau von Äpfeln hat man in der Regel mit einer Reihe von Krankheiten und Schaderregern zu kämpfen, welche die Kultur stark beeinträchtigen oder an entsprechenden Standorten mit starkem Befallsdruck sogar unmöglich machen.

Bei den Schadpilzen stellen Apfelschorf (*Venturia inaequalis*) und Mehltau (*Podosphaera leucotricha*) die größten Probleme dar. Daneben bedrohen Obstbaumkrebs (*Nectria galligena*) und Kragenfäule (*Phytophthora* sp.) den Obstbaum. Schon am Baum und vor allem während der Obstlagerung tritt die Anfälligkeit gegenüber Fruchtfäulen (z. B. Gloeosporium, Monilia etc.) zutage.

Die gefährlichste bakterielle Erkrankung ist der Feuerbrand (*Erwinia amylovora*). Bei den Insekten stellen vor allem der Apfelwickler (*Cydia pomonella*) und Läuse Gefahren dar.

Während eine Resistenzzüchtung gegen Insektenbefall schwierig ist, da der Befall häufig vom Nahrungsangebot abhängt, wurden in den Bereichen bakterielle Erkrankungen (Feuerbrand) und vor allem der pilzlichen Erkrankungen große Fortschritte in der Resistenzzüchtung erreicht.

Die Ursprünge dieser Arbeiten stammen aus den 20er- und 40er-Jahren des vergangenen Jahrhunderts. Am Beginn der Arbeiten stand die Suche nach geeigneten Resistenzträgern. Diese wurden in verschiedenen Wildarten, aber auch bei älteren Kultursorten gefunden. Bei Apfelschorf sind die Resistenzquellen von *Malus floribunda* (Vf), *Malus micromalus* (Vm), *Malus pumila* (Vr), *Malus baccata jackii* (Vbj), 'Hansen's baccata' (Vb) und 'Antonowka' (VA) bekannt. Bei Mehltau geht die Resistenz ebenfalls auf Wildarten zurück (z. B. *Malus × zumi*), für die Züchtungsarbeit gegen Feuerbrand wird häufig *Malus fusca* verwendet. Mittlerweile gibt es eine neue Nomenklatur für die Bezeichnung der Resistenzquellen (siehe www.vinquest.ch). In dem vorliegenden Taschenatlas werden bewusst aber die alten Kürzel verwendet, da man bei diesen Abkürzungen noch die Wildart dahinter erkennen kann.

Die Resistenzen zur Abwehr von Krankheiten können auf folgenden Fähigkeiten einer Pflanze beruhen:

- Aufbau morphologischer Barrieren (dicke Zellwände, Einschlüsse, dicke Apfelschale),
- hypersensitive Reaktionen (eine befallene Zelle stirbt ab).
- Produktion von Phytoalexinen = pflanzeneigene Abwehrstoffe, z. B. die Flavonoide (Phenole, Catechin, Epicatechin) oder von PR-Proteinen (= antimikrobielle Substanzen).

Bei Apfel und Birne ist es die Gruppe der Phenole mit den Untergruppen Catechine und Proanthocyanidine, die früher unter dem Begriff „Gerbstoffe" zusammengefasst wurden. Resistente Sorten weisen in den Blättern höhere Gehalte an Gerbstoffen auf als anfällige Sorten.

Resistenzmanagement
Nahezu 95 % der heutigen schorfresistenten Apfelsorten stützt sich auf die Vf-Resistenz des Wildapfels *Malus floribunda* 821. Diese Resistenz wurde inzwischen an mehreren Standorten in Europa und Deutschland durchbrochen. Nichtsdestotrotz können schorfresistente Sorten hinsichtlich der Anfälligkeit gegenüber dieser Pilzkrankheit nicht auf eine Stufe mit Sorten ohne Resistenzeigenschaften gestellt werden. Im Gegensatz zu diesen bekommen sie (falls überhaupt) deutlich weniger Schorf, welcher zudem noch leichter zu bekämpfen ist. Beim Anbau von resistenten Sorten gilt es daher, die Dauerhaftigkeit der Resistenz zu sichern, bzw. das Sporenpotenzial des Schaderregers im Obstgarten möglichst gering zu halten. Dazu sind folgende Maßnahmen geeignet:

- In jedem Fall ist beim Bezug von Pflanzmaterial auf schorffreie Ware zu achten. Ein Großteil des Resistenzdurchbruchs an verschiedenen Standorten ist vermutlich auf die Verschleppung von verseuchtem Pflanzmaterial innerhalb Europas zurückzuführen.
- Durch die Förderung des Abbaus des Falllaubes während der Wintermonate (durch Mulchen, Kompostieren und Düngen) wird der Infektionsdruck im Frühjahr deutlich gesenkt.
- Im Hausgarten und Hobbyanbau sollte bei der Sortenwahl auf eine Mischpflanzung geachtet werden. Darunter versteht man die Anpflan-

zung möglichst vieler verschiedener Sorten mit unterschiedlichen Resistenzquellen (z. B. 'Topaz' mit Vf-Resistenz, 'Summercrisp' mit VA-Resistenz und 'Delia' mit polygener Resistenz). Auf die genetische Vielfalt durch Mischpflanzung ist auch die Robustheit der Streuobstbestände gegenüber Schaderregern zurückzuführen.

Insgesamt betrachtet hat die Entwicklung resistenter Kernobstsorten in den vergangenen Jahren sehr große Fortschritte gemacht. Das Leistungsniveau vieler resistenter Sorten hinsichtlich Ertrag und Qualität ist durchaus mit den derzeitigen Standardsorten im Erwerbsanbau vergleichbar und stellt in jedem Fall eine Bereicherung des Sortiments dar. Ein Anbau ohne jede Kulturführung, und hierzu zählt auch ein gewisser Pflanzenschutz, bringt aber zwangsläufig auch bei diesen Sorten Einbußen mit sich, da es eine Totalresistenz gegen alle Schadursachen nicht gibt.

Säulenäpfel – Obstbäume für kleinste Gärten

Der Ursprung aller säulenförmigen Apfelbäume geht auf eine Zufallsmutation der Sorte 'McIntosh' zurück. Unter Mutation versteht man eine geringfügige Änderung der genetischen Eigenschaften einer Sorte – meistens ändert sich nur eine einzige Knospe am Mutterbaum. Der aus dieser Knospe entstehende Zweig oder die daran wachsenden Früchte weisen andere Eigenschaften auf als die Ursprungssorte. Wenn dieser Zweig vegetativ vermehrt wird, bleiben die neuen Sorteneigenschaften erhalten. Häufig beschränken sich Mutationen im Apfelanbau auf die Deckfarbenausprägung einer Sorte (z. B. gelber oder roter 'Boskoop'), weswegen es bei den Hauptsorten eine Vielzahl an Farbmutanten gibt, die durch bessere Fruchtausfärbung bessere Preise erzielen können. Es sind aber auch, wie in diesem Fall, Wachstumsveränderungen durch Mutation möglich.

Die Zufallsmutation für den Säulenwuchs der Elternsorte 'McIntosh' wurde 1960 in einer Obstanlage in British Columbia (Kanada) erstmals beobachtet und nach ihrem Entdecker, dem Obstbauern Wijcik, benannt ('McIntosh', Typ Wijcik). Das säulenförmige Erscheinungsbild basiert auf extrem kurzen Internodien und den in Fruchtspieße umgewandelten Seitentrieben. Dadurch werden die Früchte unmittelbar am Stamm ausgebildet. Durch das Fehlen von Seitenästen benötigen solche Sorten einen weitaus geringeren Standraum.

Mittlerweile gibt es eine Reihe von Tochtergenerationen der Ursprungssorte 'McIntosh' Typ Wijcik auf dem Markt. Im Folgenden werden aber nur diejenigen erwähnt, die sich auch tatsächlich als robust gegenüber Schaderregern herausgestellt haben.

Weitere maßgebliche Vorteile von Säulenäpfeln für den Haus- und Kleingarten sind:

- Sie benötigen kaum Standraum. Der Pflanzabstand beträgt je nach Unterlage nur 40 bis 50 cm.
- Sie haben eine sehr hohe Fruchtbarkeit, leider gepaart mit Alternanz. Handausdünnungsmaßnahmen sind daher zweckmäßig.

- Sie brauchen keinen Pfahl zur Befestigung, sondern sind von alleine standfest.
- Säulenäpfel sind sehr trockenheitstolerant, da sie zumeist auf stark wachsende Unterlagen veredelt werden, die eine bessere Durchwurzelungs- und damit auch höhere Wasseraufnahmefähigkeit im Boden besitzen.
- Sie sind sehr robust gegenüber Holz- und Blütenfrösten.
- Die Verwendungsmöglichkeiten sind vielfältig: Anbau im Terrassenkübel/Container, Heckenpflanzung (statt Hainbuche) oder als gartenprägende Solitärbäume.

Nur bei Apfel ist der Säulenwuchs genetisch fixiert, das heißt, Bäume dieses Wuchstyps verändern ihren Habitus nicht mehr, sondern bleiben säulenförmig. Bei anderen Arten (Säulenkirsche, Säulenbirne etc.), die im Pflanzenhandel angeboten werden, ist dieser Habitus durch Erziehungsmaßnahmen in der Baumschule oder durch die Anwendung von Wuchsstoffen erzwungen. Sobald diese Kulturmaßnahmen nicht mehr durchgeführt werden, verlieren diese Bäume ihre Säulenform und wachsen ganz normal weiter.

Birnen

Anbauhinweise

Die Birne ist weniger anpassungsfähig an das Klima als der Apfel. Sie erträgt heiße Temperaturen, trockene Luft und trockene Böden schlechter. Auch plötzliche Feuchtigkeitsschwankungen oder starke Winde sind schädlich. Auf kalkreichen Böden entstehen in Verbindung mit Quittenunterlagen aufgrund von Unverträglichkeit häufig physiologische Störungen wie Chlorose an den Blättern oder Steinzellenbildung in den Früchten.

Allgemein benötigen Birnen wärmere Standorte als Äpfel („Weinbauklima"). Sie fruchten überwiegend am zwei- und mehrjährigen Holz und müssen daher auch auf „altes Holz" geschnitten werden. Birnen brauchen sehr viel Lichteinstrahlung und warme Sommer. Das im Buch vorgestellte Sortiment ermöglicht ein durchgehendes Birnenangebot von Anfang August bis Mitte März.

Grundsätzlich unterscheidet man bei Birnen zwei Arten von Geschmacksrichtungen: Zum einen gibt es Konsumenten, die nur harte und saftige Birnen essen (sog. „Hartesser"), zum anderen gibt es Verbraucher, die saftig schmelzende Birnen mit ausgeprägter Aromenentfaltung bevorzugen („Weichesser"). Birnensorten für „Weichesser" benötigen nach der Ernte vom Baum eine Nachreifung bei Zimmertemperatur bzw. müssen erst noch im Lager reifen. Die Nachreifung derartiger Sorten sollte allerdings erst kurz vor oder beim Verkauf im Laden oder noch besser in der Obstschale beim Konsumenten erfolgen, da die Birnen in diesem Zustand sehr druckempfindlich und nicht mehr transportfähig sind.

Krankheiten und Schaderreger

Wie beim Apfel ist auch bei der Birne der Schorf (*Venturia pirina*) die wichtigste pilzliche Erkrankung. Der Erreger des Birnenschorfes ist zwar eng mit dem Apfelschorfpilz verwandt, kann Apfelbäume jedoch nicht befallen. Umgekehrt ist dies ebenfalls nicht möglich. Die Erstinfektion der jungen Blätter geht vom Falllaub oder befallenen Zweigen aus, auf denen der Pilz überwintert (sog. „Grindschorf"). Die dargestellten Sorten besitzen überwiegend eine hohe Robustheit gegenüber diesem Schadpilz.

Ein großes Problem im Freizeitgartenbau/Streuobstanbau stellt der Birnengitterrost (*Gymnosporangium sabinae*) dar. Diese wirtswechselnde pilzliche Erkrankung führt zu den optisch weithin sichtbaren orangeroten Flecken auf den Blättern und nimmt den Bäumen die Assimilationsfläche. Leider gibt es gegenüber diesem Schaderreger bei der Birne keine genetisch fixierte Resistenz, somit auch keine toleranten oder gar resistenten Sorten. Es bleiben also nur die Beseitigung der Zwischenwirtspflanze Wacholder oder eben ein bis zwei Pflanzenschutzbehandlungen nach der Blüte mit entsprechend zugelassenen Produkten.

Wie beim Apfel auch, spielt bei der Birne der Feuerbrand (*Erwinia amylovora*) eine sehr große Rolle. Hier gibt es hoch anfällige Sorten, z. B. die Sorte 'Williams Christ'. Erfreulicherweise hat die Züchtung der vergangenen Jahrzehnte in diesem Bereich gute Arbeit geleistet und resistente bzw. hochtolerante Sorten hervorgebracht.

Vor- und Nachteile von ausgewählten Unterlagen für Birnen

Unterlage	Wuchsstärke	Ertrag (Beginn + Höhe)	Verhalten gegenüber Schadursachen
Quitte C	schwach	früh, hoch	anfällig für Chlorose, Birnenverfall und Feuerbrand, empfindlich gegenüber Frost
Quitte 'Adams'	schwach bis mittel	früh, hoch	anfällig für Birnenverfall und Feuerbrand, empfindlich gegenüber Frost
Quitte 'Eline'	schwach bis mittel	früh, hoch	anfällig für Birnenverfall und Feuerbrand, robust gegenüber Frost
Quitte A	mittel	mittelfrüh, mittel	anfällig für Birnenverfall und Feuerbrand, empfindlich gegenüber Frost
'Pyrodwarf'	mittel bis stark	mittel, mittel	gute Affinität, kaum Chlorose, anfällig für Birnenverfall
'Daynir®' (OHF 69, Farold 69)	mittel bis stark	mittel, mittel	gute Affinität, kaum Chlorose, anfällig für Birnenverfall, resistent gegen Feuerbrand
Sämling	stark	spät, mittel	gute Affinität, kaum Chlorose, anfällig für Birnenverfall

Unterlagen bei der Birne
Die Wahl der richtigen Unterlage ist bei der Birne für einen erfolgreichen Anbau der Kultur noch wichtiger als beim Apfel. Birnenunterlagen sollten eine gute Verträglichkeit zur Edelsorte aufweisen.

Es gibt zwei Gruppen von Birnenunterlagen: Quittenunterlagen und artechte Unterlagen (= ebenfalls Birnen). Die Quitten als Unterlagen bieten als Vorteile ein schwächeres Wachstum und eine höhere Fruchtbarkeit, sind jedoch zu manchen Edelsorten nicht verträglich und benötigen daher eine sogenannte „Zwischenveredlung". Die Sorten 'Gellerts Butterbirne' oder 'Vereinsdechantsbirne' sind gängige Sorten für Zwischenveredlungen. Erst auf diese Zwischenveredlung wird dann die eigentliche Edelsorte aufveredelt. Artechte Unterlagen benötigen keine Zwischenveredlungen. Die Vor- und Nachteile der verschiedenen Unterlagen sind in der folgenden Übersicht dargestellt.

Im Erwerbsanbau werden aufgrund der Ertragseigenschaften bevorzugt Quittenunterlagen eingesetzt. Im Freizeitgartenanbau ist aufgrund der besseren Verträglichkeit zur Edelsorte eventuell eine artechte Unterlage besser.

Kirschen

Anbauhinweise
Ursprünglich stammt die Süßkirsche (*Prunus avium*) aus Kleinasien. Sie wurde aber bereits in der Jungsteinzeit über ganz Europa verbreitet. Über Jahrzehnte hinweg war ein Süßkirschenbaum im Hausgarten ein absolutes Muss. Meist auf Sämling veredelt, hatte er einen zentralen Standort. In heißen Sommern spendete die ausladende Krone Schatten und die Früchte wurden durch „Einwecken" haltbar gemacht. Mittlerweile werden die Früchte meist sofort gegessen und durch die Verwendung von neuen, schwachwuchsinduzierenden Unterlagen sind die Bäume deutlich kleiner und damit hinsichtlich der Beerntung weniger unfallträchtig geworden.

Bezüglich der Standortansprüche ist die Süßkirsche nicht besonders anspruchsvoll. Sie gedeiht auch noch in höheren Anbaulagen und erträgt Wintertemperaturen bis −25 °C. Aufgrund der frühen Blühtermine sind die Blüten jedoch anfällig für Spätfrostschäden. Spätfrostlagen sind daher zu meiden. Kühle und nasse Witterung im Frühjahr fördert das „Röteln" der Früchte, das heißt, die Früchte werden vorzeitig rot und fallen ab. In Gebieten mit hohen Niederschlägen während der Kirschenreife entstehen je nach Sorte Ertragsausfälle, da die Früchte aufgrund des hohen Zuckergehalts das Regenwasser aufsaugen und schließlich platzen. Auf den geplatzten Früchten findet die Fruchtfäulnis (*Monilinia fructigena*) hervorragende Entwicklungsbedingungen und führt in Folge häufig zum Totalausfall der Ernte. Freistehende windoffene Standorte sind besser geeignet, da die Baumkronen rascher abtrocknen können und die Früchte somit weniger faulen. Eine Alternative bei kleinen Bäumen auf schwach wachsender Unterlage stellt eine Folienüberdachung während der Kirschenernte dar.

Süßkirschen stellen besondere Anforderungen an die Befruchtungsverhältnisse. In der Regel sind sie selbstunfruchtbar, also auf den Pollen einer anderen Sorte angewiesen. Zusätzlich gibt es das Problem der Kreuzungsunverträglichkeit, nämlich, dass nicht alle anderen Kirschensorten als Befruchter geeignet sind, sondern nur bestimmte Gruppen. Seit geraumer Zeit gibt es auch noch selbstfruchtbare Sorten, die als Universalbefruchter geeignet sind, sofern die Blühtermine übereinstimmen. Aufgrund dieser Ursachen fruchten Einzelbäume im Garten sehr schlecht, wenn in der Nachbarschaft keine anderen Kirschsorten stehen. Für einen guten Kirschenertrag sollten daher in einem Umkreis von 50 bis 80 m andere Kirschensorten stehen, die als Pollenspender geeignet sind. Eine andere Möglichkeit besteht darin, dass in denselben Baum auf verschiedenen Ästen ein bis zwei Befruchtersorten einveredelt werden.

Wenn der Kirschenbaum groß werden soll (5 bis 8 m), verwendet man als Unterlagen nach wie vor Sämlinge der Vogelkirsche, z. B. ‘Alkavo’ oder die Unterlage F 12/1. Im mittelstarken Wuchsbereich (Baumhöhe 4 bis 6 m) hat sich die Unterlage ‘Colt’ bewährt. Im Erwerbsanbau ist die schwach wachsende Unterlage ‘GiSelA 5’ mit Baumhöhen von 3,50 bis 5,00 m der Standard. Sie benötigt allerdings in den Anfangsjahren einen Standpfahl.

Bei der Erziehung der Süßkirsche ist es besonders wichtig, beim Jungbaum auf nicht zu steile Astabgangswinkel zu achten. Zu diesem Zweck werden bereits im Mai/Juni zu steile Triebe mit Wäsche- oder Astfixklammern, Gewichten oder Schnüren flach erzogen. Großkronige Bäume erzieht man als Vier- bis Fünfastkrone. Kleinkronige Bäume auf der Unterlage ‘GiSelA 5’ werden als Spindel erzogen. Später genügt es, die Bäume immer wieder auszulichten und junges Fruchtholz heranzuziehen. Dabei ist darauf zu achten, nicht unmittelbar an den Stamm heranzuschneiden, sondern einen Zapfen von mindestens 20 cm Länge zu belassen. Der beste Zeitpunkt für den Schnitt von Süßkirschenbäumen ist während oder kurz nach der Ernte.

Auch die Sauerkirsche (*Prunus cerasus*) stammt ursprünglich aus Kleinasien. Sie entwickelte sich aus einer zufälligen Kreuzung zwischen der Sauerkirsche *Prunus fructicosa* und der Wildkirsche *Prunus avium*. Sauerkirschenbäume entwickeln sich etwas schwächer als Süßkirschenbäume und stellen geringere Ansprüche an den Standort. Als Unterlagen verwendet man ebenfalls Süßkirschensämlinge. Zum Teil wird auch die Unterlage ‘Piku 1’ verwendet. Die Kombinationen mit den ‘Weiroot’-Klonen (‘Weiroot 154’) gelten allerdings als robuster, da beide Partner zur selben Art (*Prunus cerasus*) gehören.

Wie die Süßkirsche wird auch die Sauerkirsche als schlanke Spindel erzogen. Da sie schwächer wächst, wird sie in den Anfangsjahren stärker zurückgeschnitten, um eine dickere Hauptachse und stärkere Leitäste zu bekommen. Später liegt die Hauptarbeit in der Fruchtholzerneuerung. Wichtig ist bei den Sauerkirschen, dass sie überwiegend am einjährigen Holz tragen. Daher benötigen sie einen stärkeren Rückschnitt als die Süßkirschen. Sauerkirschen sind meistens selbstfruchtbar, das heißt, sie benötigen keine andere Befruchtersorte, Fremdbestäubung ist jedoch ertragsfördernd.

Krankheiten und Schaderreger

Früh reifende Süßkirschensorten werden leider sehr gerne von Vögeln angenommen. Hingegen bieten Sie eine gewisse Sicherheit gegenüber dem Hauptschaderreger, der Kirschfruchtfliege (*Rhagoletis cerasi*). Diese Fliegenart legt ab Mitte Juni ihre Eier unter die Haut halbreifer Kirschen, die daraus entstehenden Maden fressen dann das Fruchtfleisch. In starken Befallsgebieten sollten daher nur früh reifende Kirschsorten gepflanzt werden, da zu deren Reifezeitpunkt der Schaderreger noch nicht unterwegs ist. Gegen den Vogelfraß kann mit Netzen gearbeitet werden, gegen die Kirschfruchtfliege bieten gelbe Leimtafeln, die ab Mitte Mai aufgehängt werden, einen gewissen Schutz.

Die pilzlichen Erkrankungen durch Monilinia treten sowohl am Holz (*Monilinia laxa*) als auch an der Frucht auf (*Monilinia fructigena*). Besonders bei der Sauerkirsche verursacht *Monilinia laxa* die sogenannte Spitzendürre am Trieb und kurz nach der Blüte die Fruchtfäule. Die massiven Infektionen sind witterungsabhängig. Bei trockenem Wetter bleiben die Infektionen gering. Neben den im Folgenden beschriebenen robusten Sorten sind zur Bekämpfung alle Kulturmaßnahmen sinnvoll, die die Feuchtigkeit im Baum vermeiden und die Durchlüftung und damit die schnelle Abtrocknung erhöhen (Baumschnitt, lockerer Kronenaufbau, Überdachung zur Fruchtreife). Darüber hinaus helfen hygienische Maßnahmen, wie das konsequente Entfernen befallener Zweige und von Fruchtmumien beim Baumschnitt.

Pflaumen

Anbauhinweise

Der Begriff „Pflaume“ ist eigentlich der Oberbegriff für viele untereinander stark vermischte Unterarten, wie die „Echte Pflaume“, die „Reineclaude“, die „Mirabellen“ und die „Zwetschgen“. Die echten Pflaumen sind rund und haben ein weiches saftiges Fruchtfleisch. Reineclauden sind ebenfalls rund, jedoch von der Fruchtfarbe her grün bis rot und haben meist einen schlecht lösenden Stein. Die Mirabellen sind klein, rund, gelbrot gefärbt und geschmacklich süß aromatisch. Die Zwetschgen hingegen sind länglich eiförmig, meist blau gefärbt und stark beduftet.

Vor allem in der Zwetschgenzüchtung wurden in den vergangenen Dekaden beachtliche züchterische Fortschritte erzielt. Die Ursache liegt sicherlich in der vielseitigen Verwendungsmöglichkeit von Zwetschgen: Frischverzehr, Zwetschgenkuchen, Konfitüre, Dörrobst und in der Destillation.

Zwetschgensorten wachsen grundsätzlich mittelstark, das heißt, sie liegen in ihrer Wuchsstärke unter der Süßkirsche. Sie haben eine große Anpassungsfähigkeit an verschiedene Standortverhältnisse, allerdings können tiefe Wintertemperaturen Totalausfälle verursachen. Zwetschgen bevorzugen humose, nährstoffreiche, genügend feuchte und gut durchlüftete Böden. Mit entsprechenden Unterlagen können aber auch weniger gute Böden genutzt werden.

Im stark wachsenden Bereich kann die Myrobalane als Unterlage verwendet werden. Sie ist vor allem für trockene Böden geeignet. Einen etwas schwächeren Wuchs (ca. 60 % der Myrobalane) erbringt die Unterlage ‘St. Julien A’. Wavit® und WeiWa® sind Selektionen der Zwetschgensorte ‘Wangenheims Frühzwetsche’ und mittlerweile die neuen Standardunterlagen im Erwerbsanbau. Sie liefern schwach wachsende Bäume mit guter Fruchtgröße und sehr gutem Ertrag. Die Verträglichkeit dieser Unterlagen zu den Edelsorten ist gut. Sie zeigen wenig Bodenausläuferbildung und sind frosthart. Eine neue und für den Hausgarten sehr interessante Unterlage ist ‘Docera 6’, da sie scharkaresistent ist. Die Wuchsstärke ist etwas stärker als bei ‘Wangenheims Frühzwetsche’. Es gibt jedoch noch sehr wenige Erfahrungen zu dieser Unterlage.

Bei Zwetschgenbäumen sind in Abhängigkeit von der Unterlage verschiedene Erziehungsformen möglich. Wie beim Kernobst unterscheidet man die Spindelerziehung (starke Mittelachse mit waagerechten kurzen Seitenästen) von der Pyramidenkrone. Bei der Spindelerziehung gelten ähnliche Grundsätze wie bei der Süßkirsche (siehe dort). Für die Pyramidenkrone werden analog zum Apfel beim Jungbaum drei bis vier Seitentriebe ausgewählt und auf Saftwaage gestellt. Die Mittelachse sollte die Seitentriebe um etwa 20 cm überragen. In den Folgejahren werden die Leitäste und die Mittelachse immer wieder eingekürzt, um ein stabiles Grundgerüst zu erhalten. In den Ertragsjahren beschränkt sich der Schnitt auf das Auslichten und die Fruchtasterneuerung.

Krankheiten und Schaderreger

Die bedeutendste Kalamität im Zwetschgenanbau ist die Scharka-Krankheit. Sie hat sich seit den 60er-Jahren des vorigen Jahrhunderts in den warmen Regionen Europas ausgebreitet. Dabei handelt es sich um eine Viruserkrankung, die von Blattläusen übertragen wird. Ist die Pflanze einmal befallen, gibt es keine Heilungsmöglichkeit mehr. Der eigentliche Schaden entsteht durch den Befall der Früchte sowie durch den vorzeitigen Fruchtfall. Die Früchte fallen zehn Tage vor der eigentlichen Reife ab oder sind typischerweise deformiert (Einsenkungen, Ringbildung). Der Geschmack befallener Früchte ist fad, sie sind zuckerarm und sowohl für den Verzehr als auch für die Verarbeitung nicht mehr geeignet. Klassische Zwetschgensorten, z. B. die ‘Hauszwetsche’ sind hoch anfällig. Durch intensive Züchtungsarbeit ist es gelungen, tolerante oder resistente Sorten zu entwickeln. Das Virus kann aber auch die Unterlage befallen. In Gebieten mit hohem Befallsdruck ist es daher zweckmäßig, eine Kombination von sowohl resistenter Edelsorte als auch resistenter Unterlage zu verwenden.

Unter den pilzlichen Erkrankungen hat sicherlich die Fruchtmonilia (*Monilinia fructigena*) die größte Bedeutung. Da die neuen Sorten alle hoch ertragreich sind, sitzen die Früchte sehr dicht gedrängt am Ast. Bei entsprechenden Witterungsbedingungen (Feuchtigkeit) sind dies hervorragende

Voraussetzungen für den Pilzbefall. Wie schon bei anderen Kulturen geschildert, ist es auch hier wichtig, einen gut durchlüfteten Baum zu erziehen und durch Handausdünnung den Fruchtbehang zu reduzieren, damit keine Fruchtbüschel entstehen. Im Herbst und Winter sollte man darauf achten, die sogenannten Fruchtmumien (= alte befallene verschrumpfte Früchte) konsequent aus dem Baum und der Anlage zu entfernen, da aus diesen Sporenbehältern heraus die Infektion im Folgejahr stattfindet.

Pfirsiche und Aprikosen

Anbauhinweise

Beide Kulturen, sowohl Pfirsiche als auch Aprikosen, haben hohe Wärmeansprüche an den Standort. Das Holz ist ähnlich frostempfindlich wie bei der Weinrebe, insofern ist ein Weinbauklima oder ein entsprechend geschützter Standort erforderlich. Auch die Blüten erscheinen sehr früh im Jahr und sind dadurch sehr stark gefährdet für Spätfröste.

Die Aprikose hat nur eine kurze Winterruhe und fängt früh an auszutreiben. Dadurch ist sie besonders für Kälteeinbrüche ausgangs Winter anfällig. In den entsprechenden Anbaugebieten in Europa werden Aprikosen daher auf den Nordhängen gepflanzt, um einen möglichst späten Austrieb zu erreichen.

Pfirsiche bevorzugen leichte sandige und gut durchlüftete Böden. Der pH-Wert sollte unter 6,0 liegen, da Pfirsiche auf hohe Kalkgehalte mit Chlorosen reagieren.

Aprikosen reagieren empfindlich auf staunasse Böden und sommerregenreiche Gebiete. Auf nassen Standorten kommt es zu einer starken Zunahme von Pilzinfektionen. Der Boden sollte gut durchlüftet und mit Kompost abgedeckt sein.

Wie bei der Zwetschge verwendet man bei Aprikosen die Unterlagen Wavit® oder WeiWa®, ebenso wie die Unterlage 'St. Julien GF 655/2'. Bei Pfirsich hat sich die Unterlage 'Rubira' etabliert, die als arteigene Unterlage gut verträglich zu allen Sorten ist und keine Wurzelausläufer macht. Da sie tief einwurzelt, ist sie interessant für Trockengebiete.

Pfirsiche tragen am einjährigen Holz und benötigen deswegen einen jährlichen Schnitt. Man unterscheidet zwischen wahren Fruchttrieben (= starke einjährige Triebe mit Blüten- und Blattknospen) und unwahren Fruchttrieben (= schwache einjährige Triebe, die nur Blütenknospen haben). An unwahren Fruchttrieben kommen die Früchte aufgrund der geringen Belaubung kaum zur Entwicklung. Den Schnitt dieser Triebe führt man am besten kurz vor der Blüte durch. Zur Kronenverjüngung schneidet man die Bäume im August nach der Ernte.

Die Aprikose kann als Fächerspalier (Wandspalier), Rundkrone oder auch als Spindel erzogen werden. Wie die Pfirsiche fruchtet sie ebenfalls am einjährigen Holz und benötigt einen jährlichen Schnitt zur Fruchtholzerneuerung. Grundsätzlich schneidet man auf langes Holz, das heißt, die Fruchtäste werden nicht angeschnitten. Der Schnitt erfolgt aststärkenbezogen, das heißt, zu starke Fruchtäste im Verhältnis zur Stammverlängerung werden stärker zurückgeschnitten. Darüber hinaus werden Vergabelungen an den Fruchtästen weggeschnitten („schlanker Schnitt“). Aufrechte Reitertriebe sollten im noch krautigen Zustand weggerissen werden.

Krankheiten und Schaderreger

Die Kräuselkrankheit (*Taphrina deformans*) ist die gefährlichste spezifische Pfirsichkrankheit mit ganz typischer Symptomatik. Bereits kurz nach dem Austrieb verformen sich die Blätter. Befallene Blüten werden nicht oder zu deformierten Früchten weiterentwickelt. Die stark befallenen Blätter vertrocknen schließlich und werden abgeworfen. Der neuerliche spätere Austrieb ist gesund. Der Laubverlust schwächt die Bäume jedoch stark und kann bei mehrjährigem Befall zum Absterben der Bäume führen. Die Ursache ist ein Schadpilz, der auf den Zweigen oder in Knospenschuppen überwintert. Schon im Januar werden durch Regenwasser Sporen in die sich öffnenden Knospen eingespült, die bereits während des Knospenschwellens die Infektion verursachen. Anfällige Sorten (und das sind fast alle) müssen daher kurz vor Knospenaufbruch vorbeugend mit Fungiziden behandelt werden.

Die Aprikose kann, wie auch die Sauerkirsche, von Monilia (Spitzendürre und auch Fruchtfäule) befallen werden. Es gelten dieselben Maßnahmen, die dort aufgeführt sind. Darüber hinaus gibt es auch bei der Aprikose die Scharka-Viruserkrankung, wie bei der Zwetschge. Sehr häufig findet man bei Aprikosen auch den sogenannten „Schlagfluss“, bei dem plötzlich Kronenteile oder sogar der ganze Baum eingehen. Ursache hierfür ist ein Komplex aus verstärktem Harzfluss durch Verletzungen, Holzfrost sowie pilzlichen Schaderregern, wie *Verticillium* und *Valsa*.

Tafeltrauben

Anbauhinweise

Die Rebe hat als Wein- und Esstraube eine lange Tradition. Ursprünglich waren die weintragenden „Europäerreben“ der Artgruppe *Vitis vinifera* in Mitteleuropa und Vorderasien beheimatet. Während der Eiszeiten wurden sie aus diesem angestammten Gebiet zurückgedrängt, das sie in den nachfolgenden Warmzeiten jedoch wieder besiedelten. Damit ist auch schon die wichtigste Standortanforderung der Rebe angesprochen: sie hat einen hohen Wärmeanspruch, nicht umsonst spricht man von einem „Weinbauklima“. Von allen in diesem Buch genannten Obstarten hat der Weinstock das höchste Wärmebedürfnis. Die Jahresdurchschnittstemperatur sollte mindestens 9,5 °C betragen, strenge Winterfröste unter minus 15 °C vertragen viele Rebsorten nicht. Auf Spätfröste zum Austrieb reagiert die Rebe sehr empfindlich. Alle grünen Pflanzenteile, wie die Triebachse, Blätter oder die Gescheine (= Traubenanlage), sind hochgradig frostgefährdet. Schon Temperaturen um den Gefrierpunkt können starke Schäden bis zum vollständigen Ernteausfall verursachen.

Die Anforderungen der Rebe an den Boden sind gering. Sie gedeiht auch auf kargen oder gar felsigen Böden, wie Muschelkalk- und Schieferstandorte beweisen. Humusgaben zur Bodenverbesserung haben sich jedoch bewährt. Stößt man bei der Pflanzung von Hausreben auf ungünstige Bodenverhältnisse, sollte ein Bodenaustausch stattfinden.

Grundsätzlich ist die Vermehrung von Tafeltrauben über selbstbewurzelte Steckhölzer möglich, diese Vermehrungsform ist jedoch nur außerhalb von Weinbaugebieten gesetzlich erlaubt. Der Grund hierfür liegt in der Anfälligkeit der Europäerreben gegenüber der Amerikanischen Reblaus (*Viteus vitifoliae*). Diese Lausart wurde Ende des 18. Jahrhunderts aus Nordamerika eingeschleppt und hat dem europäischen Weinbau katastrophale Schäden zugefügt. Deshalb ist es auch im Hausgartenanbau dringend angeraten, veredelte Pflanzreben zu verwenden. Als Unterlagen werden reblausresistente Kreuzungen amerikanischer Reben (z. B. *Vitis riparia*, *Vitis berlandierii*) verwendet. Für alle Bodenarten gibt es geeignete Unterlagen. Bei Hausreben, die ein möglichst starkes Stockgerüst aufbauen sollen, verwendet man stark wachsende Unterlagen wie Kober 5 BB. Diese Unterlage ist auch für wenig nährstoffreiche trockene Standorte mit hohen Kalkgehalten geeignet. Die Unterlagen SO_4 und Binova bewirken einen besseren Fruchtansatz und weniger Verrieselung.

Die beste Pflanzzeit für Pfropfreben liegt im April/Mai. Für Herbstpflanzungen benötigt man einen Winterschutz. Die Pfropfrebe wird so tief gepflanzt, dass die Veredlungsstelle knapp über der Bodenoberfläche liegt. Als Frostschutz wird der gesamte Veredlungskopf mit feiner Erde bedeckt, nach dem Austrieb aber wieder komplett freigestellt, damit sich keine Wurzeln oberhalb der Veredlungsstelle entwickeln können.

Reben können auf vielfältige Art und Weise erzogen werden. Dazu benötigen sie als rankende Pflanzen immer ein Erziehungsgerüst. Am gebräuchlichsten ist die Spaliererziehung (Wandspalier oder frei stehendes Drahtgerüst), es gibt aber auch die Dach- oder Pergolenerziehung. Egal für welches System man sich entscheidet, man sollte immer darauf achten, dass die Trauben möglichst gut durchlüftet im Halbschatten und frei von Trieben und Drähten hängen können. Dadurch ist ein rasches Abtrocknen gewährleistet, was die Gefahr von pilzlichen Erkrankungen deutlich reduziert. Zudem geht die Ernte rascher vonstatten und die Qualität ist besser.

Bilden sich nach der Pflanzung mehrere Triebe, werden Anfang Juni alle bis auf den kräftigsten weggebrochen. Dieser Trieb ergibt den künftigen Stamm der Pflanze. Da er in diesem Stadium jung und krautig ist, kann er leicht abbrechen. Er muss deshalb laufend an einem Pflanzstab fixiert werden. Entstehen in den Blattachseln Nebentriebe, werden sie bis zur gewünschten Stammhöhe sorgfältig ausgebrochen. Weiter oben wachsende Nebentriebe werden auf drei bis fünf Blätter eingekürzt, damit sich dieser Haupttrieb kräftig entwickeln und gut verholzen kann. In den Folgejahren liegen die Schnittmaßnahmen am besten immer im März. Die Schnittstellen sollten stets 2 bis 3 cm über einem Auge liegen. Als Grundregel gilt es zu beachten, dass die Fruchtbildung nur an einjährigem Holz stattfindet, welches zweijährigem Holz entspringt. Auf dem Altholz entstehen Zapfen, indem man den Vorjahrestrieb auf zwei Augen zurückschneidet. Aus dem oberen Auge wächst dann die Fruchtrute, die den Traubenertrag bringt. Aus dem unteren Auge wird die Ersatzrute gebildet, welche die Fruchtrute für das nächste Jahr liefern soll.

Krankheiten und Schaderreger
Die wichtigsten und gefürchtetsten Rebenkrankheiten sind der Echte (Oidium, *Erisyphe necator*) und der Falsche Mehltau (Rebenperonospora, *Plasmopara viticola*).

Der Echte Mehltau entwickelt sich bevorzugt an warmen Tagen mit hoher Luftfeuchtigkeit. Ideale Bedingungen für den Befall bieten Hochdruckwetterlagen mit optimalen Temperaturen und hoher nächtlicher Luftfeuchtigkeit. Blätter, Triebe und Beeren werden von einem weißlichen Pilzmyzel überzogen. Im unreifen Zustand platzen die Beeren auf und die Samenkerne werden sichtbar (sog. „Samenbruch").

Der Falsche Mehltau hingegen benötigt tropfbar flüssiges Wasser, um sich ausbreiten zu können. Er tritt besonders stark in Gebieten mit hohen Sommerniederschlägen auf. Die auffälligsten Symptome sind gelbliche Ölflecken auf den Blättern, auf deren Unterseite sich in warmen feuchten Nächten ein weißer Pilzrasen ausbildet. Anfällige Sorten reagieren auf den Befall mit einem Abstoßen der Blätter bis hin zur völligen Entlaubung. Da der Erreger erst 1878 aus Nordamerika eingeschleppt wurde, sind die klassischen europäischen Kulturrebsorten gegenüber dieser Krankheit besonders anfällig, da sie im Laufe der Evolution keine Anpassungsmechanismen entwickeln konnten. Durch Kreuzungen mit den nordamerikanischen Wildreben sind jedoch mittlerweile eine Reihe von pilzwiderstandfähigen Kulturrebsorten entstanden (sog. „PIWI-Sorten"), die eine befriedigende Resistenz/Toleranz gegenüber dieser Krankheit haben.

Die Graufäule (*Botrytis cinerea*) ist, wie bei den anderen Beerenarten auch, bei der Weintraube ein Problemschaderreger. Sorten mit kompakten Trauben und dicht sitzenden Beeren sind besonders gefährdet. Durch lockerbeerige Sorten und Kulturmaßnahmen zur Verbesserung der Durchlüftung und damit der Abtrocknung der Beeren kann dieser pilzlichen Erkrankung vorgebeugt werden.

Erdbeeren

Anbauhinweise
Die Erdbeere gehört in die große Familie der Rosengewächse (Rosaceae) und ist mit ihren Wildformen auf der ganzen Welt vertreten. Man geht davon aus, dass die Kulturform der Erdbeere im Frankreich des 18. Jahrhunderts aus einer Artkreuzung entstanden ist. Ihr Erbgut geht auf die Vermischung zweier amerikanischer Wildarten zurück: der Scharlacherdbeere, einer in Nordamerika heimischen Wildform, und der Chileerdbeere, einer Wildform aus Mittelamerika. Im Laufe der Zeit wurden europäische Arten eingekreuzt, sodass man heute mehrere hundert verschiedene Kultursorten kennt.

Die Blüten der meisten Kultursorten sind zwittrig. Ausnahmen bilden Sorten, wie 'Mieze Schindler' oder 'Yamaska', die rein weibliche Blüten ausbilden. Um einen ausreichend hohen Fruchtansatz zu erzielen und um Fruchtdeformationen zu vermeiden, muss beim Anbau dieser Sorten unbedingt auf einen ausreichenden Anteil an Befruchtersorten geachtet werden. Der Anbau von Sortenmischungen ist überdies in jedem Fall angeraten. Obwohl die Erdbeere selbstfruchtbar ist, werden in der Regel ein besserer Fruchtansatz und ein höheres Fruchtgewicht bei Bestäubung mit dem Pollen anderer Sorten erzielt.

Die meisten Erdbeersorten sind einmaltragend (eine Blüte/Ernte je Jahr) und sogenannte Kurztagpflanzen. Das bedeutet, dass die Blütenbildung nur erfolgt, wenn Kurztagbedingungen herrschen; dies ist in unseren Breiten etwa zwischen Ende September bis in den April hinein der Fall. Während dieser Zeit werden fortlaufend Blütenknospen angelegt, allenfalls unterbrochen durch die winterlichen Temperaturen. Mittlerweile gibt es auch viele sogenannte „remontierende" Sorten. Sie sind tagneutrale Pflanzen, das heißt, die Blütenbildung ist unabhängig von der Tageslänge. Im Gegensatz zu den einmal tragenden Sorten bilden remontierende Sorten während der ganzen Vegetationsperiode Blüten aus. Lediglich hohe Sommertemperaturen hemmen die Blütenbildung.

Bester Pflanzzeitpunkt für Grünpflanzen ist Ende Juli bis Anfang August. Jede weitere Verzögerung wirkt sich deutlich ertragsmindernd aus. Bei stark wachsenden, reich blühenden Sorten oder auch bei getopfter Ware kann später gepflanzt werden. Frigopflanzen, eine in Kalifornien entwickelte spezielle Setzlingsart, werden ab Ende April gepflanzt. Da bei diesen Setzlingen die Blütenbildung bereits eingesetzt hat, tragen sie bereits im Pflanzjahr.

Der Anbau von Erdbeeren darf maximal drei Jahre auf dem gleichen Standort erfolgen. Bei längeren Standzeiten setzen sich bodenbürtige Krankheiten und Schaderreger durch und machen einen erfolgreichen Anbau unmöglich. Deshalb ist auch eine Anbaupause von mindestens drei bis fünf Jahren an diesem Platz einzuhalten. Im Frühjahr nach dem Pflanzjahr empfiehlt es sich, durchtrennte Ranken und abgestorbene Blätter aus dem Bestand zu entfernen. Damit die Früchte sauber bleiben und rasch abtrocknen können (= Vermeidung von Fäulnis) ist eine Stroheinlage unerlässlich. Alternativ kann auch eine sogenannte MyPex-Folie ganzjährig zwischen den Reihen ausgelegt werden, wodurch der Unkrautdruck reduziert wird. Der beste Zeitpunkt für das Einstreuen liegt kurz bevor sich die Blütenstände auf den Boden senken.

Krankheiten und Schaderreger

Die Gesundheit und Vitalität von Erdbeerpflanzen kann stark durch bodenbürtige Schadpilze beeinträchtigt werden. Dazu zählen beispielsweise die Erreger der Roten Wurzelfäule (*Phytophthora fragariae*), der Rhizomfäule (*Ph. cactorum*) sowie der Schwarzen Wurzelfäule, die durch einen ganzen Komplex von Pilzen verursacht wird. Auch der Befall durch Grauschimmel

(*Botrytis cinerea*) kann den Fruchtertrag erheblich schmälern. Als gute Prophylaxe gelten: Anbau von auf Resistenz/Toleranz gezüchteten Sorten, Einkauf von gesundem Pflanzgut bei renommierten Vermehrern, richtige Standortwahl (leicht saurer Boden-pH, Meidung staunasser Böden bzw. Vorzug gut erwärmender Böden, regelmäßiges Wechseln der Anbauflächen) und ausgewogene Düngung (nicht zu viel Stickstoff). In der Fruchtfolge sollten Erdbeeren nie nach Nachtschattengewächsen (Kartoffeln, Tomaten, Auberginen, Peperoni) angebaut werden, da diese Wirtspflanzen der „Wurzeltöterkrankheit“ (*Rhizoctonia solani*) und der *Verticillium*-Welke sind.

Stachelbeeren

Anbauhinweise

Die Stachelbeere war von jeher eine für Hausgärten typische Obstart. Wildformen der Stachelbeere sind in weiten Teilen Europas beheimatet. Wie Johannisbeeren auch, wachsen Stachelbeeren strauchartig. Die verholzten Triebe werden mehrere Jahre alt. Mit den Jahren bildet sich ein stark verzweigtes Astgerüst. Aus den Basisknospen im Übergangsbereich zwischen Spross und Wurzelwerk entwickeln sich jährlich neue Triebe. Daher ist auch die Vermehrung relativ einfach und erfolgt vegetativ durch Abriss aus dem Spross oder durch bewurzelte Absenker. Um eine bequemere Ernte zu ermöglichen, werden Stachelbeeren aber auch als Hochstämmchen veredelt. Die häufigste Unterlage ist hierfür die Goldjohannisbeere, langsam setzt sich aber als Unterlage auch die Jostabeere durch, da deren Wuchs stärker ist und die gesamte Pflanze gesünder bleibt.

Stachelbeeren sind holzfrosthart, aber aufgrund ihrer frühen Blüte spätfrostgefährdet. Da sie ursprünglich in lichten Wäldern wachsen vertragen sie Halbschatten, unter intensiver Sonneneinstrahlung leiden die Früchte unter Sonnenbrand. Die Stachelbeere bevorzugt mittelschwere, nährstoffreiche Böden, die ausreichend feucht sind. Auf Trockenheit oder staunasse Böden reagiert sie empfindlich.

Damit eine hohe Fruchtqualität erzielt wird, ist ein jährlicher Auslichtungs- und Verjüngungsschnitt unerlässlich. Die Triebe sollten nicht älter als drei bis vier Jahre sein. Die Erziehung als Busch ist einfach. Hierzu werden lediglich acht bis zehn Äste erhalten, die in einem Zyklus von drei Jahren erneuert werden. Dazu werden jährlich drei bis vier junge Bodentriebe nachgezogen. Auch eine Erziehung als Hecke ist möglich, wozu ein Gerüst mit ca. 1,70 m Höhe und Zwischendrähten bei je 60 cm benötigt wird. An diesem Gerüst werden drei bis vier Haupttriebe nach oben geführt. Zur Förderung des Höhenwachstums empfiehlt es sich, die Begleitknospen an der Triebspitze vor dem Austrieb auszubrechen. Entscheidend sind auch das Aufputzen der Seitentriebe bis auf eine Höhe von 50 cm sowie das Entfernen oder rechtzeitige Pinzieren von sich bildenden Konkurrenztrieben im Frühsommer.

Der Aufbau von lockeren, gut abtrocknenden Beständen ist eine grundlegende Kulturmaßnahme zur Vorbeugung von Befall mit Pilzkrankheiten.

Krankheiten und Schaderreger
Der Hauptschädling im Stachelbeeranbau ist der Amerikanische Stachelbeermehltau (*Sphaerotheca mors-uvae*). Die Anfälligkeit der einzelnen Sorten gegenüber diesem pilzlichen Schaderreger ist unterschiedlich ausgeprägt und viele bekannte Sorten aus dem Hausgarten sind beispielsweise hoch anfällig. Die Anfälligkeit beziehungsweise Widerstandsfähigkeit (Toleranz) einer Sorte ist dabei nicht absolut. So spielt das Entwicklungsstadium der Pflanze eine entscheidende Rolle: eine im Jugendstadium und im Stadium des zunehmenden Ertrags gegebene Anfälligkeit kann sich im Stadium des Vollertrags deutlich mildern. Eine weitere wichtige Rolle spielt das Stickstoffangebot. So sind Jungpflanzen, die unter hohen Stickstoffgaben aufwachsen, nach der Pflanzung am Standort meist deutlich anfälliger als Pflanzen, die bei angemessenem Stickstoffangebot angezogen werden. Die Stachelbeere verführt leicht dazu, reichlich Stickstoff anzubieten, um das Pflanzenwachstum zu fördern. Dies zieht aber generell auch eine erhöhte Anfälligkeit gegenüber dem Amerikanischen Stachelbeermehltau nach sich. Nicht zu dichte, gut abtrocknende Bestände können einen bestehenden Mehltaudruck abmildern. Ein Schnitt vor der Ernte dient nicht nur der Ernteerleichterung, sondern ist auch eine Maßnahme, dem Mehltaupilz optimale Lebensbedingungen vorzuenthalten.

Himbeeren

Anbauhinweise
Die Himbeere ist eine ausdauernde Pflanze und wächst am besten auf gut durchlüfteten frischen Böden, die wasserdurchlässig und humusreich sind. Der optimale pH-Wert ist leicht sauer und liegt im Bereich von 6,0 bis 6,5. Als Waldrandpflanze schätzt die Himbeere hohe Luftfeuchtigkeit und kühle Sommertemperaturen.

Die europäische Himbeerpflanze wächst als Halbstrauch. Darunter versteht man eine Pflanze, die ein dauerhaftes Wurzelsystem ausbildet, während die oberirdischen Ruten nach dem Fruchten absterben. Die Jungruten bilden sich jedes Jahr neu aus den Seitenknospen an der Basis älterer Ruten und aus den Wurzeln. Man unterscheidet zwischen Sommerhimbeeren und Herbsthimbeeren („remontierende Himbeersorten"). Bei Sommerhimbeeren sind die heranwachsenden Ruten zunächst krautig und verholzen dann im Laufe des Jahres. Mit dem Nachlassen des vegetativen Wachstums im Herbst erfolgt die Blütenknospendifferenzierung für das Folgejahr. Im nächsten Frühjahr treiben aus den Blattachselknospen die Seitentriebe mit den Fruchtständen aus, blühen und fruchten schließlich. Nach der Ernte sterben diese tragenden Ruten ab, der zweijährige Zyklus ist beendet. Im Gegensatz dazu bilden Herbsthimbeeren die Früchte an den im gleichen Jahr gewachsenen Ruten aus. Die Reifezeit beginnt allerdings erst ab Ende Juli und die Fruchtqualität wird als weniger aromatisch eingestuft als bei den Sommerhimbeeren.

Himbeeren pflanzt man am besten während der Winterruhe von Ende Oktober bis Mitte März. Erfahrungsgemäß entwickeln im Herbst gepflanzte Setzlinge kräftigere Ruten im ersten

Jahr, als im Frühjahr gepflanzte. Der Pflanzabstand in der Reihe beträgt etwa einen halben Meter. Sommerhimbeeren bilden Ruten mit einer Länge zwischen 1,80 und 3,00 m.

Für die Fruchtbildung und die Beerntung müssen diese Ruten aufgebunden werden, wofür man ein Erziehungsgerüst benötigt. Bei Sommerhimbeeren hat sich die Erziehung am Drahtgerüst bewährt. Dazu werden die Ruten zwischen drei Drahtpaaren gezogen. Das erste Paar befindet sich zirka 0,80 m über dem Boden, das zweite Paar auf einer Höhe von 1,20 m und das dritte Paar auf 1,60 m Höhe. Die aufwachsenden Ruten werden zwischen diesen Drähten hindurchgeführt. Zwischen den Jungruten und den Tragruten besteht eine starke Konkurrenz. Sobald die Jungruten eine Höhe von 30 bis 40 cm erreicht haben, ist es vorteilhaft, ihre Anzahl auf zehn bis zwölf Ruten je Laufmeter zu reduzieren. Diese Anzahl genügt für eine ausreichende Erneuerung der Altruten. Die übrigen Jungruten werden von Hand entfernt. Die mittlere Lebensdauer einer Himbeeranlage beträgt 10 bis 15 Jahre. Sie ist von der Gesundheit der Pflanzen und der Bodenfruchtbarkeit abhängig.

Bei den einmaltragenden Sommerhimbeeren sterben die Ruten im zweiten Jahr nach der Ernte ab. Es ist unbedingt erforderlich, diese Altruten unmittelbar nach der Ernte wegzuschneiden und aus dem Bestand zu entfernen. Dadurch schafft man den Jungruten Platz zur Entwicklung. Sie können unmittelbar danach in die Haltedrähte eingestreift werden. Durch den lichtoffenen und gut durchlüfteten Bestand sind die Voraussetzungen für Schadpilze ungünstiger und der Bestand ist dadurch gesünder. Im Gegensatz dazu werden Herbsthimbeeren nach Abschluss der Ernte im Herbst komplett abgeschnitten.

Krankheiten und Schaderreger

Bei der Himbeere stehen pilzliche Krankheiten im Vordergrund. Die Wurzelfäule (*Phytophtora* spp.) ist ein bodenbürtiger Pilz, der durch kalte und nasse Bodenbedingungen gefördert wird und zum Absterben der Pflanze führt. Bei langsamem Verlauf der Krankheit sehen die einjährigen Ruten noch gut aus, nur die zweijährigen Tragruten treiben schlecht aus und sterben häufig noch vor der Ernte ab. Bei raschem Krankheitsverlauf sterben auch die einjährigen Ruten ab, meistens zuerst an der Triebspitze. Die Wurzeln sind dunkel bis schwarz verfärbt. Die Erregerpilze bilden Dauersporen im Boden aus und sind daher über viele Jahre an diesem Standort überlebensfähig. Bei entsprechendem Befall und anfälligen Sorten hilft nur noch ein Standortwechsel.

Bei der Rutenkrankheit (*Didymella applanata*) entstehen an den Jungruten um Blattansatzstellen und Knospen herum violette Flecken. Der Pilz wächst von dort aus in die weitere Rinde und bringt diese zum Absterben. Im Herbst und Winter verfärbt sich die Rinde dann silbergrau. Durch Wurzelfäule geschwächte Pflanzen werden häufig besonders stark auch durch *Didymella* befallen. Indem überzählige Ruten frühzeitig weggeschnitten werden („Rutenmanagement“), der Bestand nur mäßig mit Stickstoff gedüngt und damit ein zu krautiges Wachstum vermieden wird, kann durch einfache Kulturführung dieser Erkrankung vorgebeugt werden. Darüber hinaus sollten frostgefährdete Lagen schon bei der Pflanzung vermieden werden, da der Pilz auch durch Frostrisse an den Ruten in die Pflanze eindringt.

Auch der Rutenbrand (*Leptosphaeria coniothyrium*) ist auf Eintrittspforten, wie Frostrisse oder Beschädigungen an der Rutenbasis, angewiesen. Bei Befall verfärbt sich die Rutenbasis dunkelbraun, die Rinde wird rau und platzt auf. Befallene Ruten starben meistens noch vor oder während der Blüte ab.

Gegen diese wichtigsten Schaderreger bei der Himbeerkultur gibt es eine Reihe von widerstandsfähigen bzw. resistenten Sorten. Die Schaderregertoleranz erfordert aber dennoch für einen langfristigen und erfolgreichen Anbau die konsequente Anwendung der beschriebenen Kultur- und Hygienemaßnahmen.

Brombeeren

Anbauhinweise

Brombeere und Himbeere entstammen beide derselben botanischen Gattung *Rubus*. Auch Brombeerruten tragen in der Regel erst im zweiten Jahr Früchte und die Erneuerung der Ruten erfolgt ebenfalls aus den Basisknospen am Wurzelstock. In größerem Umfang als bei Himbeeren entwickeln sich bei Brombeeren in den Blattachseln der Jungruten vorzeitige vegetative Seitentriebe, die eine beachtliche Länge erreichen können. Neben bedornten gibt es auch dornenlose Sorten. Der wesentliche Unterschied besteht für den Konsumenten aber darin, dass bei der Ernte der Himbeere der Zapfen an der Pflanze verbleibt, während der Zapfen bei der Brombeere mitgepflückt und mitgegessen wird.

Brombeeren sind robuster, wuchskräftiger und weniger anspruchsvoll an Boden und Klima als Himbeeren. Gut belüftete, humusreiche und leicht saure Böden werden jedoch bevorzugt. Brombeeren sind besonders empfindlich für direkte Sonneneinstrahlung, Holzfrost (durchgefrorene Ruten) und rasche Temperaturwechsel. Ihre späte Blütezeit schützt Brombeeren dagegen weitgehend vor Blütenfrösten.

Brombeeren erzieht man am besten ebenfalls an einem Drahtrahmen. Die Pfähle sollten dazu eine Höhe von 2,00 bis 2,50 m ab dem Boden aufweisen. Es sind vier Drähte einzuplanen, wovon sich der unterste auf einer Höhe von 80 cm befindet. Die restlichen Drähte folgen im Abstand von 40 bis 50 cm. Der Pflanzabstand beträgt, je nachdem wie aufrecht die Triebe erzogen werden sollen, 1,00 bis 2,00 m. Die Triebe sind nach demselben Prinzip zu führen wie bei den Himbeeren. Für eine aufrechte Erziehung genügen vier Ruten je Pflanze, werden die Triebe mehr auseinandergefächert, dann sind vier bis sechs Ruten je Pflanze erforderlich.

Vor der Ernte kann man zur Ernteerleichterung alle Seitentriebe an den Jungruten auf ca. 20 cm einkürzen. Diese Stummel werden dann erst im Frühjahr auf ein bis zwei Augen zurückgeschnitten. Nach der Ernte müssen die abgetragenen Fruchtruten genauso wie bei der Himbeere bodeneben abgeschnitten werden. Dadurch werden die Jungruten in ihrem Wachstum gefördert. Zu Vegetationsbeginn wird dann die Anzahl der Fruchtruten je nach Pflanzabstand auf zwei bis sechs Triebe je Pflanze eingestellt und die Tragruten werden am Gerüst aufgefächert.

Krankheiten und Schaderreger

Die wichtigsten Pflanzenschutzprobleme bei der Brombeere sind Phytoplasmosen (= zellwandfreie Bakterien), Rutenkrankheiten, Grauschimmel sowie der Falsche Mehltau.

Die Brombeer-Stauche ist eine Phytoplasmose, die durch Zikaden übertragen wird. Aus den Wurzelknospen wachsen zahlreiche dicht nebeneinander stehende kleine Ruten („Hexenbesen"). Die Blätter sind chlorotisch aufgehellt und die Blüten sowie Früchte missgebildet. Die erkrankten Stöcke sterben meistens wenige Jahre nach der ersten Infektion ab. Die Sorten sind zwar unterschiedlich anfällig, bleiben aber langfristig nicht ohne Symptome. Zur Vorbeugung sollte nur gesundes und virusfreies Pflanzenmaterial verwendet werden. Befallene Pflanzen sollten beim Auftreten erster Symptome sofort gerodet und neue Pflanzungen nicht in der Nähe oder gar am selben Platz erstellt werden.

Die Rutenkrankheit (*Rhabdospora ramealis*) zeigt sich auf den Ruten mit anfangs violetten, später braunen Flecken mit rötlichem Rand. Im darauffolgenden Frühling bilden sich kleine schwarze Fruchtkörper auf den Nekrosen. Bei starkem Befall sterben die Ruten ab. Analog zu den Rutenkrankheiten der Himbeere ist es auch hier wichtig, eine gute Durchlüftung des Bestandes sicherzustellen. Zu diesem Zweck müssen befallene Ruten und die abgetragenen Fruchtruten unmittelbar nach der Ernte entfernt werden.

Auch die Graufäule (*Botrytis cinerea*) gedeiht am besten in zu dichten, nicht abtrocknenden Beständen, die vielleicht zu viel mit Stickstoff gedüngt wurden. Wie bei der Himbeere kann durch einfache Kulturmaßnahmen (lichtoffener und luftiger Bestand) sowie eine konsequente Bestandsführung die Widerstandsfähigkeit der Pflanzen unterstützt werden. Diese Kulturmaßnahmen sind auch die einzigen Bekämpfungsmaßnahmen, die im Hausgarten gegen die Kirschessigfliege (*Drosophila suzukii*) möglich sind. Diese nicht heimische Essigfliegenart befällt bevorzugt die Brombeere aber auch die Heidelbeere.

Johannisbeeren

Anbauhinweise

Rote Johannisbeeren werden als wertvolle Früchte für den Frischverzehr wieder mehr beachtet. Sehr häufig werden sie als Kuchenauflage verwendet, darüber hinaus sind sie Grundlage für vielerlei Desserts. Rosafarbene und weiße Sorten werden vielfach wegen ihres milden Geschmacks nachgefragt. Schwarze Johannisbeeren dienen überwiegend der Saftherstellung (Cassis) oder als Grundlage für Marmeladen, Kompott oder Gelee.

Johannisbeeren erreichen ihre volle Ertragsleistung und Fruchtqualität auf tiefgründigen, mittelschweren und nährstoffreichen Böden. Eine leicht saure Bodenreaktion ist, wie bei fast allen Beerenobstarten, optimal. Der Standort sollte windgeschützt und sonnig sein. Johannisbeeren sind spätfrostgefährdet, deshalb sind frostgefährdete Lagen und Kältesenken für diese Kultur zu meiden.

Die beste Pflanzzeit ist der Spätherbst nach dem Laubfall, da die Pflanzen über den Winter Zeit zum Einwurzeln haben. Büsche und Heckenpflanzen sollten tief genug eingepflanzt werden, damit sie über ihre gesamte Lebensdauer Bodentriebe entwickeln können, um alte Triebe zu ersetzen. Spindeln und Stämme werden nicht tiefer gepflanzt, als sie in der Baumschule gestanden haben. Im Erwerbsanbau ist der Heckenanbau üblich, sei es als Dreiasthecke oder als Spindel. Auch im Hausgarten ist ein derartiges Erziehungssystem sinnvoll, da es einen gut durchlüfteten und damit weniger krankheitsanfälligen Bestand gewährleistet. Allerdings ist dazu ein Gerüstsystem notwendig.

Rote Johannisbeeren fruchten am besten an den vorjährigen Seitentrieben. Die schönsten Trauben entwickeln sich aus den basalen Knospen solcher Langtriebe. Deshalb können beim Fruchtholzschnitt kurz vor der Beerenreife die Seitentriebe auf zwei bis vier Augen eingekürzt werden. Mit dem Fruchtholzschnitt erreicht man, dass die Früchte nach Niederschlägen rascher abtrocknen, jedoch nimmt die Gefahr durch Schäden aufgrund von Sonnenbrand zu. Heckenpflanzen werden mit drei bis vier Leittrieben kultiviert. Nach etwa drei bis vier Jahren ist es notwendig, die alten schwarzen Leitäste beim Winterschnitt durch junge Gerüstäste zu ersetzen, um wieder genügend junges Seitenholz zu erzielen.

Schwarze Johannisbeeren werden nach wie vor als Busch mit acht bis zehn Leitästen erzogen. Die längsten Trauben entwickeln sich am einjährigen Langtrieb. Auch diese Äste sind im Zyklus von drei Jahren zu erneuern. Dazu werden jährlich drei bis vier junge Bodentriebe oder aufrechte Seitentriebe nachgezogen, die im Winter auf zwei Drittel ihrer Länge zurückgeschnitten werden.

Ein häufiges Problem im Johannisbeeranbau ist der Verlust von Beeren in den ersten Wochen nach der Blüte (das sogenannte Ausrieseln oder auch Durchrieseln). Das Abfallen der Beeren nimmt dabei meist zur Traubenbasis hin ab. Die Ursachen liegen in ungünstigen Wetterbedingungen zum Zeitpunkt der Blüte (zu kalt, zu nass, zu heiß) oder auch Blütenfrost. Versuche haben gezeigt, dass das Ausmaß des Verrieselns verringert werden kann, wenn auf eine konsequente Verjüngung der Leittriebe geachtet wird.

Krankheiten und Schaderreger

Im Johannisbeeranbau kann eine Reihe von Erregern erhebliche Schäden verursachen. Der Amerikanische Stachelbeermehltau (*Sphaerotheca mors-uvae*) kommt auch an der Johannisbeere vor, wenngleich ein Fruchtbefall hier eher selten ist. Der Pilz befällt vor allem die Triebspitze, die im Extremfall abstirbt, was zu Ertragsausfällen im Folgejahr führen kann. Andere Schaderreger schädigen die Pflanze durch die Verminderung der Assimilationsfläche (Blattfallkrankheit, Blattfleckenkrankheit, Johannisbeersäulenrost), wobei der Befall bis zum völligen Laubverlust führen kann. Ein Hauptschädling bei der schwarzen Johannisbeere ist die Johannisbeergallmilbe (*Cecidophyopsis ribis*). Zuerst 1850 in England aufgetreten, ist sie heute in fast ganz Europa, den USA und Kanada verbreitet. Der Befall führt über die Zerstörung der Blüten zu enormen Ertragsausfällen. Es ist daher nicht verwunderlich, dass die Toleranz gegenüber diesem Schädling zu einem Schwerpunkt der Züchtungsarbeit wurde.

Heidelbeeren

Anbauhinweise

Die Heidelbeere ist als niedriger Strauch mit kleinen Beeren aus lichten Wäldern als Waldheidelbeere (*Vaccinium myrtillis*) allgemein bekannt. Die Kulturheidelbeere (*Vaccinium corymbosum* L.) ist jedoch ein großer Busch. Beide stellen besondere Ansprüche an den Standort. Optimal sind humusreiche, saure Böden mit einem pH-Wert zwischen 4,0 und 5,0. Auf diesen nährstoffarmen Böden hat sich eine Symbiose zwischen Bodenpilzen (Mykorrhiza) und der Heidelbeerwurzel entwickelt. Diese ist wichtig für das optimale Wachstum der Pflanzen. Natürliche Standorte sind in Deutschland sehr begrenzt vorhanden, die größten Heidelbeerflächen sind in der Lüneburger Heide in Norddeutschland zu finden.

Da optimale Standortbedingungen nur selten vorliegen, muss für die erfolgreiche Heidelbeerkultur erst ein geeigneter Wurzelraum geschaffen werden. Bei Einzelpflanzen ist es sinnvoll, Löcher mit einem Radius von 50 cm und einer Tiefe von gleichfalls 50 cm auszuheben und mit organischem Substrat aufzufüllen. Am besten sind als Substrate Weißtorf oder Rhododendronerde geeignet. Um das Anwachsen zu begünstigen, wird der Lochgrund mit durchfeuchtetem Substrat gefüllt, die Pflanze gesetzt und anschließend mit Sägemehl, Rinde und/oder Häcksel aus Nadelholz aufgefüllt. Statt im gewachsenen Boden können die genannten Substrate auch in Container oder sonstige große Töpfe eingebracht werden. Auf eine gleichmäßige Wasserversorgung ist in jedem Fall zu achten. Besonders Substrate mit hohem Anteil an Sägemehl trocknen leicht aus. Wichtig ist, dass das saure Wurzelmilieu erhalten bleibt. Gesammeltes Regenwasser und geringe Gaben an sauer wirkendem Stickstoffdünger (z. B. als Ammoniumsulfat) unterstützen den erfolgreichen Anbau von Heidelbeeren.

Die Heidelbeere erzieht man am besten als Strauch mit vier bis sechs Basistrieben, welche alle drei bis vier Jahre ersetzt oder auf junge Triebe abgeleitet werden. Mit Schnittmaßnahmen ist dafür zu sorgen, dass Licht bis ins Strauchinnere gelangen kann und so kräftige Fruchttriebe entstehen können. Die Heidelbeere fruchtet an den einjährigen Trieben, daher ist eine regelmäßige Verjüngung notwendig. Beim Schnitt werden tief gelegene Äste entfernt, da diese schlecht beerntet werden können. Außerdem sollten schwache Triebe im Strauchinneren und altes Holz weggeschnitten werden. Durch regelmäßige Schnittmaßnahmen wird die Bildung von Neutrieben gefördert.

Krankheiten und Schaderreger

Bislang traten in kleinen Heidelbeerbeständen kaum Krankheiten auf. Lediglich die pilzliche Erkrankung Anthracnose (*Colletotrichum acutetum*) zeigt sich gelegentlich durch rote Flecken auf Trieben und Blättern. Davon befallene Beeren schrumpfen ein. Vorbeugend sollte auf eine gute Durchlüftung geachtet werden. Befallene Triebe müssen aus der Anlage entfernt werden. *Botrytis* kann die Blüte bei ungünstiger Witterung befallen. Die infizierten Blütenbüschel fallen in der Regel ab und stellen somit kein Fruchtproblem dar. Heidelbeeren werden gern von Vögeln gefressen. Dieser Problematik kann durch Einnetzung vorgebeugt werden.

Nüsse

Anbauhinweise

Die Kulturwalnuss (*Juglans regia*) ist in ganz Europa verbreitet und gedeiht überall dort, wo auch die Rebe und Edelkastanien wachsen. Die Walnuss verlangt warme Standorte, also Weinbauklima oder geschützte Lagen. Winter mit extrem niedrigen Temperaturen verursachen Holzschäden und führen bei langer Dauer oder hoher Häufigkeit zum Absterben der Bäume. Sehr häufig werden Blüten und Austrieb durch Spätfröste vernichtet. Spätfrostjahre sind keine „Nussjahre". Aufgrund der Frostempfindlichkeit der Bäume ist die richtige Standortwahl von entscheidender Bedeutung.

Walnussbäume wachsen zu kräftigen Hochstämmen heran. Baumhöhen von 10 bis 15 m sind keine Seltenheit, Prachtexemplare erreichen sogar über 20 m. Die Kronengröße hängt in erster Linie von der verwendeten Edelsorte, aber auch der Unterlage ab. Auf gut geeigneten tiefgründigen Standorten sind für unveredelte Sämlinge Pflanzweiten von 15 × 15 m zu wählen, bei veredelten Walnüssen auf minderwertigeren Standorten und für Alleepflanzungen genügen 10 m. Als Unterlagen werden meistens Walnusssämlinge (*Juglans regia*) oder die Schwarznuss verwendet, wobei Letztere leicht schwächere Bäume ausbildet.

Fast alle Walnussgewächse sind einhäusig aber getrenntgeschlechtlich. Das bedeutet männliche (= die „Kätzchen") und weibliche Blüten (= die spätere Nuss) befinden sich zwar auf demselben Baum, aber an gesonderten Blütenständen. Wegen der getrennten Entwicklung der männlichen und weiblichen Blütenstände liegt häufig Dichogamie vor, das heißt, die Blühzeitpunkte sind verschieden. Daher können die Blüten einer Sorte, obwohl grundsätzlich selbstfruchtbar, nicht mit dem eigenen Pollen bestäubt werden. In Ertragsanlagen werden daher immer mehrere Sorten angepflanzt, um die Bestäubung und Befruchtung zu gewährleisten. Bei Solitärbäumen sollte man auf Sorten achten, welche die Fähigkeit zur Apomixis haben, also ohne Befruchtung der Eizelle Samen ausbilden können. Dadurch ist eine gewisse Ertragssicherheit gewährleistet.

Haselnüsse sind wie die Walnüsse ebenfalls Windbestäuber. Sie sind ebenso getrenntgeschlechtlich, einhäusig, und meist selbst unfruchtbar, da die männlichen und weiblichen Blüten nicht gleichzeitig offen sind. Sortenvielfalt garantiert daher gute

Befruchtungsverhältnisse. Die Haselnuss trägt am einjährigen Holz. Ein regelmäßiger Schnitt der Sträucher fördert daher die Fruchtbarkeit. Die Haselnuss bevorzugt milde Sommer und kalte Winter mit längeren Kälteperioden. Von Nachteil sind sommertrockene, heiße und windoffene Lagen.

Haselnüsse haben höhere Ansprüche an die Feuchtigkeitsversorgung des Standorts als die Walnüsse, denn sie benötigen etwa 750 mm Niederschlag pro Jahr. Erwerbsanlagen werden daher häufig bewässert. Die Böden sollten gut durchwurzelbar und tiefgründig sein.

Krankheiten und Schaderreger

Die Walnuss wird zwar durch wenige, aber unter bestimmten Bedingungen doch sehr ernst zu nehmende Schaderreger gefährdet. Das bei weitem häufigste Schadbild sind Blattflecken-Erkrankungen, die durch phytopathogene Bakterien oder Pilze hervorgerufen werden. Beim Bakterienbrand (*Xanthomonas juglandis*) entstehen auf den Blattadern anfangs kleine dunkle wasserdurchsogene Flecken, häufig umgeben von einem gelben Rand, die sich später braunschwarz verfärben. Die grüne Nussschale wird schmierig schwarz, der Nusskern selbst schrumpft zusammen und wird ebenfalls schwarz. Entsprechend befallene Nüsse haben häufig eine matschige Hülle, bei spät befallenen Nüssen ist das Samenhäutchen oft gelb. Je nach Befallsgrad ist die Nuss nicht mehr verzehrfähig.

Im Gegensatz zum Bakterienbrand handelt es sich bei der Marssonina-Krankheit (*Gnomonia leptostyla*) um eine pilzliche Erkrankung. Die Blattflecken sind meist trocken, auch die Nüsse sind innen trockenfaul und verpilzt. Feuchte Witterung in den Wochen nach der Walnussblüte begünstigt die Entwicklung des Pilzes enorm, bei anhaltend feuchtem Wetter kann es zu einer raschen Ausbreitung kommen. Entsprechend anfällige und stark befallene Bäume weisen schon frühzeitig starken Laubfall auf. In Befallsjahren sind sie bereits zur Nussreife kahl.

Die Walnussfruchtfliege (*Rhagoletis completa*) ist ein relativ neuer Schädling in Europa, denn sie wurde erst Ende der 80er-Jahre des vergangenen Jahrhunderts aus Nordamerika eingeschleppt. Sie schädigt nur die grüne Frucht und nicht den Baum oder das Blatt. Die ersten Anzeichen eines Befalls sind kleine schwarze Punkte auf der Frucht, die durch den Einstich der Fliege bei der Eiablage verursacht werden. Nach dem Schlüpfen ernähren sich die Maden vom Fruchtfleisch der grünen Hülle, wodurch diese weich, feucht und später schwarz wird. Die Nuss selbst bleibt ungeschädigt, auf der Nussschale bleiben aber schwarze Flecken zurück, die sich nicht entfernen lassen und die optische Erscheinung beeinträchtigen. Ein früher Befall kann zu geschrumpften und verfaulten Nusskernen führen.

Gegen diesen tierischen Schaderreger sind noch keine Resistenzen oder Abwehrmechanismen seitens der Pflanze bekannt. Hinsichtlich der bakteriellen oder pilzlichen Erkrankungen gibt es aber eine Reihe von robusten Sorten.

Der wichtigste Schaderreger bei der Haselnuss ist der Haselnussbohrer (*Curculio nucum*). Hierbei handelt es sich um einen Rüsselkäfer, der ab Mitte Mai/Anfang Juni ein Loch in die noch weichschaligen Nüsse frisst und dort seine Eier ablegt. Die hieraus entstehenden Maden fressen den Nusskern aus und verlassen im Herbst die Nuss durch das Loch in der Schale wieder. Die Robustheit bestimmter Sorten gegenüber diesem Schaderreger beruht in diesem Fall auf der einfachen Tatsache, dass die Nussschale für die Käferweibchen zu dick ist, sodass sie kaum durchgebissen werden kann.

Die Sorten von A bis Z

Admiral

Herkunft: UEB 3824/1, 'Mira' × 'Bohemia' (= Rubin), triploid, Institute of Experimental Botany AS CR, v. v. i., Prag (Strizovice), Tschechien, Sortenschutz in Europa

Baum: Starkes bis sehr starkes Wachstum, schlecht verzweigt, langästig verkahlend, schlechter Habitus, benötigt für den Kleingarten schwache Unterlagen.

Beurteilung: Sehr gut schmeckende Sorte mit hervorragender Lagerfähigkeit, stark wachsende Bäume für den landschaftsprägenden Streuobstbau.

Fruchtbeschreibung: Großfrüchtig, plattrund bis rund, Fruchtform ähnlich 'Jonagold', Kelchgrube weit, leicht gefältelt, Kelchblätter fleischig, zusammengeneigt, Kelch verschlossen, Stielgrube tief bis sehr tief, kurze Stiele, Grundfarbe bleichgrün bis trübgrün, tiefrote bis karminrote Deckfarbe mit großen grauen Lentizellen, optisch wenig attraktiv, sehr glattschalig, festes gelbes Fleisch, knackig, sehr saftig spritzig, hervorragender Geschmack!

Krankheiten/Schaderreger: Schorfresistent (polygen), allgemein sehr gesundes und vitales Blattwerk, aber hoch anfällig für Lentizellenflecken und Stippe (das sind nur Mineralstoff-Mangelerscheinungen).

Ertrag/Lagereignung: Mittleres Ertragsvermögen, sehr regelmäßig, hervorragende Lagerfähigkeit bis in den April.

Fruchteigenschaften:
Fruchtgewicht (g): 193
Sortieranteil 70–85 mm (%): 74
Festigkeit (kg/cm²): 7,3
Stärkewert: 4,1
Zucker (% Brix): 14,3
Gesamtsäure (g/l): 7,6
Zucker-Säure-Verhältnis: 18,8 zu 1
Vitamin-C-Gehalt: gering

Phänologische Daten:
Austrieb: mittel (26.03.)
Vollblüte: mittelfrüh (21.04.)
Ernte: E 9 (24.09.)

Ahra

Herkunft: 'Prima' × Klon 40 ('Goldparmäne' frei abgeblüht), ehemalige Bundesforschungsanstalt für Pflanzenzüchtung, Ahrensburg, Sortenschutz in Deutschland

Baum: Starker bis sehr starker Wuchs, gut verzweigt, breitwüchsig, hoher Schnittaufwand.

Beurteilung: Herbstsorte, die im Geschmack der Sorte 'Goldparmäne' ähnelt, Probleme bereiten der starke Wuchs sowie die Anfälligkeit für Mehltau und Feuerbrand.

Fruchteigenschaften:
Fruchtgewicht (g): 156
Sortieranteil 70–85 mm (%): 73
Festigkeit (kg/cm^2): 8,1
Stärkewert: 4,8
Zucker (% Brix): 14,6
Gesamtsäure (g/l): 10,1
Zucker-Säure-Verhältnis: 14,5 zu 1
Vitamin-C-Gehalt: gering

Phänologische Daten:
Austrieb: früh (18.03.)
Vollblüte: mittelfrüh (22.04.)
Ernte: E 8 (31.08.)

Fruchtbeschreibung: Mittelgroß bis groß, kugelig, mittelbauchig, kurzachsig, runder Querschnitt, Kelchgrube flach schüsselförmig, Kelchblätter mittelbreit und mittellang, Kelchblätter aufliegend, am Grunde getrennt, Kelch offen, Stielgrube mitteltief und weit, Grundfarbe grünlich gelb bis gelb, Deckfarbe streifig/gemasert, mittelrot, Berostung streifig von Stielgrube her, Fruchtfleisch hellgelb, saftig, fest, feinzellig, guter Geschmack.

Krankheiten/Schaderreger: Schorfresistent (Vf), stark anfällig für Mehltau, anfällig für Feuerbrand, Fruchtberostung aufgrund von Mehltau.

Ertrag/Lagereignung: Im Verhältnis zum Baumwachstum ist der Ertrag zu gering, die Erträge setzen spät ein, starke Alternanz, im Kühllager nur bis Dezember lagerfähig.

Ahrista

Herkunft: 'Elstar' × TSR 15 T3, ehemalige Bundesforschungsanstalt für Pflanzenzüchtung, Ahrensburg, Sortenschutz in Europa

Baum: Starker Wuchs, breitpyramidal, gut verzweigt, relativ hoher Schnittaufwand.

Beurteilung: Wohlschmeckende frühe Herbstsorte, ideal für Hausgarten zum sofortigen Verzehr, erfordert allerdings Fruchtausdünnung und einen gewissen Pflanzenschutz aufgrund der Anfälligkeit für Mehltau.

Fruchtbeschreibung: Mittel- bis kleinfrüchtig, kegelförmig hochgebaut, mittelbauchig, mittel- bis langachsig, zum Kelch hin spitzer werdend, Kernkammern offen, Kelchgrube schüsselförmig, Kelchblätter klein und breit, Kelch halboffen, Stielgrube tief und mittelweit, leicht berostet, Stiel mittellang, Grundfarbe blassgelb, Deckfarbe flächig und gesprenkelt, mittelrot bis tiefrot, mattglänzend, Fruchtfleisch gelblich weiß, saftig, süßsäuerlich.

Krankheiten/Schaderreger: Schorfresistent (Vf), mittel bis hoch anfällig gegenüber Mehltau (nicht empfehlenswert für Standorte mit starkem Mehltaudruck).

Ertrag/Lagereignung: Geringes Ertragsniveau im Verhältnis zum Baumwachstum, rascher Ertragsbeginn, starke Alternanz, gekühlt zwei Monate lagerfähig.

Fruchteigenschaften:
Fruchtgewicht (g): 102
Sortieranteil 70–85 mm (%): 14
Festigkeit (kg/cm²): 8,5
Stärkewert: 5,2
Zucker (% Brix): 11,9
Gesamtsäure (g/l): 7,2
Zucker-Säure-Verhältnis: 16,5 zu 1
Vitamin-C-Gehalt: gering

Phänologische Daten:
Austrieb: mittel (22.03.)
Vollblüte: mittel (24.04.)
Ernte: M–E 8 (23.08.)

Allegro

Herkunft: 'Julia' × 'Ametyst', Institute of Experimental Botany AS CR, v. v. i., Prag (Strizovice), Tschechien

Baum: Schwach wachsend, mäßig verzweigt, leicht verkahlend, büschelförmig am Triebende.

Beurteilung: Sehr früh reifende Apfelsorte mit hervorragender Pflanzengesundheit, idealer Sommerapfel für den Hausgarten.

Fruchteigenschaften:
Fruchtgewicht (g): 111
Sortieranteil 70–85 mm (%): 18
Festigkeit (kg/cm²): 9,2
Stärkewert: 4,4
Zucker (% Brix): 13
Gesamtsäure (g/l): 7
Zucker-Säure-Verhältnis: 18,6 zu 1
Vitamin-C-Gehalt: gering

Phänologische Daten:
Austrieb: früh (21.03.)
Vollblüte: früh (17.04.)
Ernte: E 7 (26.07.)

Fruchtbeschreibung: Kleinfrüchtig, rund bis leicht plattrund, Kelchgrube weit und flach, Kelchblätter kurz und breit, zusammengeneigt, von Frucht abstehend, Kelch meist offen, Stielgrube wenig tief, mittelweit, häufig berostet, Stiel kurz bis mittellang, dünn, Grundfarbe grünlich gelb, Deckfarbe attraktiv leuchtend rot mit weißen Lentizellen darauf, Früchte leicht beduftet, optisch attraktiv, Fruchtfleisch gelblich, sehr saftig, ausgewogen süß säuerlich, etwas dicke Schale aber sehr guter Geschmack!

Krankheiten/Schaderreger: Schorfresistent (Vf), sehr vitales und gesundes Laub, keine Auffälligkeiten hinsichtlich anderer Erkrankungen.

Ertrag/Lagereignung: Geringes Ertragsvermögen aber dafür regelmäßige Erträge, sehr früh reifende Sorte, daher nicht lagerfähig.

Ametyst

Herkunft: 'Nela' × 'Vista Bella', Synonym 'UEB 2650/2', Institute of Experimental Botany AS CR, v. v .i., Prag (Strizovice), Tschechien, Sortenschutz in Europa

Baum: Sehr starker Wuchs, gut verzweigt, lange und dicke einjährige Triebe, gute Neutriebbildung aus der Stammbasis.

Beurteilung: Frühsorte für den Hausgarten, Fruchtausdünnung zur Vermeidung von Alternanz empfehlenswert.

Fruchtbeschreibung: Sehr klein, kugelig, mittelbauchig, Kelchgrube mit Höckern, Kelchblätter kurz, breit, aufrecht, Kelch halb offen, Stielgrube weit, mitteltief, Stiel lang, Grundfarbe blassgrün bis gelblich grün, Deckfarbe flächig, dunkel- bis braunrot, sehr stark bereift, Fruchtschale fettig, wenige helle Lentizellen auf Sonnenseite, Fruchtfleisch weich, mittel saftig, wird schnell mürbe, feinzellig, sehr säurebetont, Schale zu dick.

Krankheiten/Schaderreger: Schorfresistent (Vf), etwas Mehltau aufgetreten, ebenso Mineralstoff-Mangelsymptome.

Ertrag/Lagereignung: Im Verhältnis zum starken Wachstum geringer Ertrag, rascher Ertragsbeginn, starke Alternanz, nicht lagerfähig.

Fruchteigenschaften:
Fruchtgewicht (g): 97
Sortieranteil 70–85 mm (%): 17
Festigkeit (kg/cm²): 6,2
Stärkewert: 7,2
Zucker (% Brix): 12,9
Gesamtsäure (g/l): 13
Zucker-Säure-Verhältnis: 9,9 zu 1
Vitamin-C-Gehalt: gering

Phänologische Daten:
Austrieb: mittelspät (27.03.)
Vollblüte: früh (23.04.)
Ernte: A 8 (03.08.)

Angold

Herkunft: 'Antonowka' × 'Golden Delicious', Research and Breeding Institute of Pomology, Holovhousy-Horice, Tschechien, Sortenschutz in Deutschland und Europa

Baum: Mittelstarker Wuchs, gut verzweigt, ruhige Bäume, schöner Baumaufbau, dünne Seitentriebe mit langen Internodien.

Beurteilung: Aufgrund des guten Ertrages und der besonderen Schorfresistenz aus 'Antonowka' (VA-Resistenz) gut geeignet für den intensiven Mostobst- und Streuobstanbau.

Fruchteigenschaften:
Fruchtgewicht (g): 179
Sortieranteil 70–85 mm (%): 69
Festigkeit (kg/cm²): 6,1
Stärkewert: 6,6
Zucker (% Brix): 13,2
Gesamtsäure (g/l): 7,0
Zucker-Säure-Verhältnis: 19 zu 1
Vitamin-C-Gehalt: sehr gering

Phänologische Daten:
Austrieb: mittel (20.03.)
Vollblüte: mittel (25.04.)
Ernte: M–E 9 (22.09.)

Fruchtbeschreibung: Groß bis sehr groß, hochgebaut, mittelbauchig, Kelchgrube breit, schüsselförmig mit leichten Höckern, Kelchblätter lang und breit, Kelch halboffen, Stielgrube tief, mittelweit, leicht berostet, Stiel lang und dünn, Grundfarbe gelblich grün, Deckfarbe braunrot, streifig, Schale leicht wachsig, Fruchtfleisch knackig, saftig, gute Textur, würzig, erfrischend.

Krankheiten/Schaderreger: Widerstandsfähig gegenüber Apfelschorf (VA-Resistenz), gesundes vitales Laub, kaum Mehltaubefall aufgetreten, in Jahren mit starkem Befallsdruck kann etwas Schorf an Blatt und Frucht auftreten.

Ertrag/Lagereignung: Sehr guter Ertrag, allerdings Neigung zu Alternanz, jedoch nie Totalausfall, Fruchtausdünnung empfehlenswert, gekühlt bis Februar haltbar.

Ariane

Herkunft: Kreuzung aus 'Florina', 'Prima', 'Golden Delicious' u. a., INRA, Baumschule Valois, Frankreich, Sortenschutz in Europa

Baum: Starker bis mittelstarker Wuchs, mäßig verzweigt, lange verkahlende Seitenäste, anfangs viele kahle Stellen im Baum, erst nach Jahren befriedigender Habitus.

Beurteilung: Hoch ertragreiche Sorte mit guter Pflanzengesundheit, die geschmacklich allerdings nur im Mittelfeld liegt.

Fruchtbeschreibung: Kleinfrüchtig, plattrund, Kelchgrube weit und tief, Kelchblätter breit und kurz, Kelch verschlossen, lange Kelchröhre, Stielgrube mittelweit und mitteltief, Grundfarbe grünlich bis hellgrün, 90 bis 100 % samtrote Deckfarbe mit großen grauen Lentizellen, leicht beduftet, fettig, gelbes Fruchtfleisch, das rasch oxidiert, feinzellig, festfleischig, mäßig saftig, süß-säuerlich, dicke Schale, geschmacklich mittelmäßig.

Krankheiten/Schaderreger: Schorfresistent (Vf), kein Mehltau, sehr gesundes und vitales Laub.

Ertrag/Lagereignung: Massenträger, der gerne zu Überertrag neigt und dann zu kleine Früchte macht, gut lagerfähig, Früchte schrumpeln zwar, zeigen aber keinen Pilzbefall.

Fruchteigenschaften:
Fruchtgewicht (g): 119
Sortieranteil 70–85 mm (%): 33
Festigkeit (kg/cm²): 10
Stärkewert: 7
Zucker (% Brix): 13,8
Gesamtsäure (g/l): 11,3
Zucker-Säure-Verhältnis: 12,2 zu 1
Vitamin-C-Gehalt: gering

Phänologische Daten:
Austrieb: mittelfrüh (21.03.)
Vollblüte: mittelfrüh (14.4.)
Ernte: M 9 (14.09.)

Ariwa

Herkunft: 'Golden Delicious' × A 849/5, Agroscope Changins-Wädenswil, Schweiz, Sortenschutz in Europa

Baum: Mittelstarker Wuchs, gut verzweigt, lange dünne Triebe, lässt sich gut als Formspalier erziehen.

Beurteilung: Sehr robuste und ertragreiche Tafelsorte für den Hobbyanbau, Ausdünnung erforderlich, da sonst Alternanz eintritt und die Früchte zu klein bleiben.

Fruchteigenschaften:
Fruchtgewicht (g): 128
Sortieranteil 70–85 mm (%): 50
Festigkeit (kg/cm²): 9,1
Stärkewert: 6,5
Zucker (% Brix): 13
Gesamtsäure (g/l): 7,3
Zucker-Säure-Verhältnis: 17,8 zu 1
Vitamin-C-Gehalt: gering

Phänologische Daten:
Austrieb: mittelspät (22.03.)
Vollblüte: mittelspät (27.04.)
Ernte: M–E 9 (23.09.)

Fruchtbeschreibung: Mittelgroß, hochgebaut, mittelbauchig, Kelchgrube schüsselförmig mit ganz leichten Höckern, mäßig eingesenkt, Kelchblätter kurz, breit, Kelch offen, Stiel lang, Grundfarbe intensiv gelb, Deckfarbe geflammt bis flächig rotorange, Berostung gering, Fruchtschale wachsig, fest, leicht fettig im Lager, Fruchtfleisch fest, knackig, saftig, süßsäuerlich, wohlschmeckend.

Krankheiten/Schaderreger: Schorfresistent (Vf) und mehltauresistent (Pl 1), Spurennährstoff-Mangelsymptome in manchen Jahren an den Blättern.

Ertrag/Lagereignung: Ertrag hoch bis sehr hoch, rascher Ertragsbeginn, benötigt Fruchtausdünnung, sonst droht Alternanz und die Früchte bleiben zu klein, auch im normalen Keller ohne Kühlung sehr gut lagerfähig.

Arkcharm

Herkunft: 'Prima' × Hybrid 36055, Universität Arkansas, Little Rock, USA, seit 1995 im Handel

Baum: Mittelstarker Wuchs, gut verzweigt, teilweise steile Astabgänge, dünnes hängendes Fruchtholz.

Beurteilung: Robuste Frühsorte mit ansprechendem Aussehen für die Direktvermarktung und den Hausgarten.

Fruchtbeschreibung: Groß bis sehr groß, hochgebaut, stielbauchig, Kelchgrube weiträumig, schüsselförmig tief, Kelch halboffen, Stielgrube mitteltief bis tief, Stiel mittellang, Grundfarbe grünlich gelb bis blassgelb, Deckfarbe streifig, blassrot, Schale glatt, leicht wachsig, kaum Fruchtberostung, Fruchtfleisch weiß, saftig, schnell oxidierend, beim Kauen störende dicke Fruchtschale, geschmacklich säurebetont, saftig, feinzellig, weichfleischig.

Krankheiten/Schaderreger: Tolerant gegenüber Apfelschorf, gering anfällig für Mehltau, vitales Blattwerk.

Ertrag/Lagereignung: Für eine Frühsorte ein sehr hohes Ertragspotenzial, leicht alternierend, später Ertragsbeginn, kaum lagerfähig, sofort verzehren.

Fruchteigenschaften:
Fruchtgewicht (g): 175
Sortieranteil 70–85 mm (%): 73
Festigkeit (kg/cm^2): 5,7
Stärkewert: 5,4
Zucker (% Brix): 12,3
Gesamtsäure (g/l): 8,6
Zucker-Säure-Verhältnis: 14,3 zu 1
Vitamin-C-Gehalt: gering

Phänologische Daten:
Austrieb: mittelfrüh (25.03.)
Vollblüte: mittel (25.04.)
Ernte: A 8 (03.08.)

Barbarossa

Herkunft: 'Nela' × 'Delbarestivale', Staatliche Lehr- und Versuchsanstalt für Wein- und Obstbau Weinsberg, Baden-Württemberg, Sortenschutz in Deutschland

Baum: Mittelstarker bis starker Wuchs, gut verzweigt, ruhige und ausgeglichene Bäume, die auf langes Fruchtholz geschnitten werden sollten.

Beurteilung: Optisch sehr schöne und geschmacklich hervorragende Sorte im frühen Reifesegment. Sehr gute Sorte für Direktvermarktung, biologische Obsterzeugung und Hausgarten.

Fruchteigenschaften:
Fruchtgewicht (g): 130
Sortieranteil 70–85 mm (%): 50
Festigkeit (kg/cm²): 7,9
Stärkewert: 4,7
Zucker (% Brix): 14,4
Gesamtsäure (g/l): 9,6
Zucker-Säure-Verhältnis: 15 zu 1
Vitamin-C-Gehalt: hoch

Phänologische Daten:
Austrieb: mittelfrüh (23.03.)
Vollblüte: früh (19.04.)
Ernte: A 8 (09.08.)

Fruchtbeschreibung: Markant schöne Optik, Früchte mittelgroß, Kelchgrube weit und tief, leicht höckerig, Kelchblätter mittellang, Kelch verschlossen, Stielgrube mitteltief, mittelweit, leicht streifig berostet, Stiele lang und mitteldick, flächig rot und gelb, Grundfarbe intensiv gelb, Deckfarbe leuchtend rot, Fruchtfleisch gelb, feinzellig, knackig, saftig mit zitroniger Säure, hervorragender Geschmack! Sieger in vielen Sorten-Verkostungen.

Krankheiten/Schaderreger: Tolerant gegenüber Apfelschorf und Mehltau, vitale Sorte mit gesundem intensiv grünem Blattwerk, verträglich gegenüber Trockenheit und Hitze.

Ertrag/Lagereignung: Gute und sehr regelmäßige Erträge, für eine Frühsorte gut haltbar, robust gegenüber pilzlichen Lagerfäulen.

Collina

Herkunft: 'Priscilla' × 'Elstar', M. Vandewall, Eckelrade, Niederlande, Sortenschutz in Europa

Baum: Enorm starker Wuchs, gute Verzweigung, dichte buschige Bäume, einjährige Triebe über 1 m lang, Blattwerk auffallend hellgrün, Blätter typisch kahnförmig zulaufend.

Beurteilung: Interessante Frühsorte für die Direktvermarktung, benötigt allerdings konsequente Fruchtausdünnung zur Vermeidung von Alternanz und zur Steigerung der Fruchtgröße.

Fruchtbeschreibung: Mittelgroß bis klein, kugelig, mittelbauchig, Kelchgrube mit Höckern, Kelch tief eingesenkt, Kelchblätter lang und breit, Kelch geschlossen, Stielgrube weit mittelteif, Stiel mittellang, Grundfarbe hellgrün, Deckfarbe streifig bis flächig hellrot, matt, Schale leicht wachsig, nur leichte Berostung, Fruchtfleisch knackig, mittelsaftig, süß säuerlich, guter Geschmack, teilweise etwas zu weich bis mehlig, grobe feste Schale.

Krankheiten/Schaderreger: Schorfresistent (Vf), mittel anfällig für Mehltau und Sonnenbrand, laut Züchter wenig anfällig für Obstbaumkrebs, Feuerbrand aufgetreten.

Ertrag/Lagereignung: Mittleres Ertragsvermögen, rascher Ertragsbeginn, sehr starke Alternanz, im Kühllager nur 4–6 Wochen haltbar.

Fruchteigenschaften:
Fruchtgewicht (g): 112
Sortieranteil 70–85 mm (%): 36
Festigkeit (kg/cm²): 6,6
Stärkewert: 6
Zucker (% Brix): 12,9
Gesamtsäure (g/l): 8,5
Zucker-Säure-Verhältnis: 15,2 zu 1
Vitamin-C-Gehalt: sehr gering

Phänologische Daten:
Austrieb: früh (23.03.)
Vollblüte: mittelfrüh (25.04.)
Ernte: A 8 (01.08.)

„Das Gärtnern ist meine Leidenschaft.
Mit **Obst & Garten** komme ich prima
durch das Gartenjahr, allein schon
dank des monatlichen Arbeitskalenders.“
Obst & Garten
Obst & Garten
Gemeinschaftsgärten
Gemüseernte
ild / fotolia.com
Telefon: 0711 4507 - 105 / leserservice@ulmer.de
www.obst-und-garten.de/testabo
Ulmer

Dalinsweet

Herkunft: Baumschule Davodeau-Ligonniere, Frankreich, Sortenschutz in Europa

Baum: Stark wachsend, gut verzweigt, lange verkahlende Fruchtruten, die zu hängendem Holz werden, dichtlaubige Bäume.

Beurteilung: Stark wachsende Sorte mit hohem Ertragspotenzial aber Neigung zur Alternanz für den Hausgarten.

Fruchteigenschaften:
Fruchtgewicht (g): 181
Sortieranteil 70–85 mm (%): 58
Festigkeit (kg/cm²): 10,1
Stärkewert: 7,7
Zucker (% Brix): 12,9
Gesamtsäure (g/l): 6,2
Zucker-Säure-Verhältnis: 21 zu 1
Vitamin-C-Gehalt: gering

Phänologische Daten:
Austrieb: mittelfrüh (22.03.)
Vollblüte: mittelspät (26.04.)
Ernte: M–E 10 (20.10.)

Fruchtbeschreibung: Mittelgroß bis groß, kugelförmig, mittelbauchig, Kelchgrube weit und flach, typisch wellig/gefältelt, Kelchblätter mittelbreit und sehr lang, zusammengeneigt, Kelch geschlossen, Stielgrube mittelweit und mitteltief, strahlenförmig berostet, Stiel lang und dünn, am Ende knopfig, grüne bis hellgrüne Grundfarbe, matte dunkelrote Deckfarbe mit zahlreichen berosteten Lentizellen, Fruchtfleisch sehr fest, weiß, kaum saftig, süß aber geschmacklich etwas ausdruckslos.

Krankheiten/Schaderreger: Schorfresistent (Vf), anfällig für Mehltau.

Ertrag/Lagereignung: Sehr hohe Erträge, jedoch stark alternierend, im Kühllager gut lagerfähig bis in den März, Früchte neigen aber zum Schrumpeln.

Delia

Herkunft: = S XIII 1/30, Doud's 2-4-2 (= 'Golden Delicious'-Mutante) frei abgeblüht, Aussaat 1967 am Max-Planck-Institut Köln-Vogelsang, Deutschland

Baum: Mittelstarker Wuchs, gut verzweigt, nahezu waagerechte Astabgänge, sehr schöner Baumaufbau.

Beurteilung: Vermutlich triploide Sorte, idealer Mostapfel für den intensiven Mostobstanbau aber auch für Hausgarten- und Streuobstanbau, aufgrund hoher Zuckerwerte auch sehr gut zur Apfelweinherstellung und für die Brennerei geeignet.

Fruchtbeschreibung: Mittelgroß bis groß, hochgebaut, mittelbauchig, Kernkammern geschlossen, Kelchgrube schmal schüsselförmig, Kelchblätter breit und kurz, Kelch halboffen, Stielgrube mittelweit und tief, Stiel mittellang, Grundfarbe grünlich gelb bis gelb, nur in manchen Jahren ein Hauch von roter Deckfarbe, Fruchtfleisch gelblich, etwas weich, saftig, grobzellig, Geschmack sauer.

Krankheiten/Schaderreger: Hochtolerant gegenüber Apfelschorf, vermutlich polygen resistent, nur in manchen Jahren Schorfflecken, robust gegenüber Mehltau, vitales intensiv grünes Blattwerk.

Ertrag/Lagereignung: Sehr hoher Ertrag, langsamer Ertragseintritt, regelmäßiger Träger, kaum Alternanz, wenig lagerfähig, im Kühllager bis Februar.

Fruchteigenschaften:
Fruchtgewicht (g): 159
Sortieranteil 70–85 mm (%): 74
Festigkeit (kg/cm^2): 6,2
Stärkewert: 5,9
Zucker (% Brix): 14,7
Gesamtsäure (g/l): 13,4
Zucker-Säure-Verhältnis: 11 zu 1
Vitamin-C-Gehalt: mittel

Phänologische Daten:
Austrieb: mittelfrüh (21.03.)
Vollblüte: mittelfrüh (24.04.)
Ernte: M 9 (17.09.)

Deljonca

Herkunft: 'Tenroy' × ('Stark Jongrimes' × 'Cardinal'), Baumschule Delbard, Frankreich

Baum: Mittelstark bis stark wachsend, gut verzweigt, langästig, breitwüchsig.

Beurteilung: Sehr ertragreiche, optisch attraktive Sorte im frühen Reifesegment mit hervorragender Pflanzengesundheit. Sehr gut geeignet für die Direktvermarktung, aber auch den Hausgarten.

Fruchteigenschaften:
Fruchtgewicht (g): 142
Sortieranteil 70–85 mm (%): 58
Festigkeit (kg/cm²): 10,6
Stärkewert: 3,2
Zucker (% Brix): 11,9
Gesamtsäure (g/l): 10
Zucker-Säure-Verhältnis: 11,9 zu 1
Vitamin-C-Gehalt: mittel

Phänologische Daten:
Austrieb: früh (25.03.)
Vollblüte: mittel (24.04.)
Ernte: A 8 (02.08.)

Fruchtbeschreibung: Mittelgroß, kugelrund, Kelchgrube klein und nur wenig tief, leicht gefältelt, Kelchblätter mittellang zusammengeneigt, behaart, Kelch meist offen, Stielgrube weit, mitteltief, häufig strahlenförmig berostet, Fruchtstiele lang und dünn, am Ende knopfig, Grundfarbe blassgrün, mit punktierten Lentizellen darauf, Deckfarbe flächig leuchtend rot, fast pinkfarben, Optik insgesamt sehr attraktiv, Fruchtfleisch gelblich, bissfest, saftig, später festkauend, knackig, etwas zu säurebetont, guter Geschmack.

Krankheiten/Schaderreger: Schorfresistent (Vf), sehr gesundes und vitales Laub, robust gegenüber Resistenzdurchbruch.

Ertrag/Lagereignung: Sehr guter Ertrag, regelmäßig, kaum Alternanz, wie alle Frühsorten nur begrenzt lagerfähig.

Diana

Herkunft: 'Ametyst' × 'Julia', Institute of Experimental Botany AS CR, v. v. i., Prag (Strizovice), Tschechien

Baum: Sehr stark wachsend, sehr langästig, deutlich verkahlend, schlechter Baumhabitus.

Beurteilung: Sehr frühe Apfelsorte für den Hausgarten.

Fruchtbeschreibung: Mittelgroß, rund bis plattrund, Kelchgrube weit und tief, innen teilweise mit Höckern/ Falten, Kelchblätter dick und kurz, zusammengeneigt, Kelch offen, Stielgrube mittelweit und mitteltief, häufig berostet oder mit Fruchtrissen, Fruchtstiel kurz und mitteldick, am Ende knopfig, Grundfarbe hellgrün bis grünlich weiß, flächige karminrote Deckfarbe mit kleinen grauen Lentizellen, Früchte leicht beduftet, starke Mehltauberostung, Fruchtfleisch weißlich, sehr fest, trocken, stark säurehaltig, unausgewogen im Geschmack.

Krankheiten/Schaderreger: Schorfresistent (Vf), sehr gesundes intensiv grünes Blattwerk, etwas anfällig für Mehltau und Magnesiummangel.

Ertrag/Lagereignung: Geringes Ertragsvermögen, nicht lagerfähig.

Fruchteigenschaften:
Fruchtgewicht (g): 130
Sortieranteil 70–85 mm (%): 75
Festigkeit (kg/cm^2): 7,9
Stärkewert: 4,2
Zucker (% Brix): 12,8
Gesamtsäure (g/l): 9
Zucker-Säure-Verhältnis: 14,2 zu 1
Vitamin-C-Gehalt: hoch

Phänologische Daten:
Austrieb: früh (23.03.)
Vollblüte: früh (17.04.)
Ernte: E 7 (26.07.)

Enterprise

Herkunft: PRI 1661-1 × PRI 1661-2 (beides 'McIntosh'-Abkömmlinge), Universität von Illinois, USA seit 1993 im Handel

Baum: Mittelstarker Wuchs, breitpyramidal, mäßig verzweigt, Seitenäste mit Tendenz zur Verkahlung.

Beurteilung: Unkomplizierte Sorte mit vielen guten Eigenschaften für den Hausgarten-, Streuobst- und intensiven Mostobstanbau. In ungünstigen Lagen kann Obstbaumkrebs zum Problem werden.

Fruchteigenschaften:
Fruchtgewicht (g): 182
Sortieranteil 70–85 mm (%): 73
Festigkeit (kg/cm²): 9,5
Stärkewert: 5,5
Zucker (% Brix): 14,8
Gesamtsäure (g/l): 9,2
Zucker-Säure-Verhältnis: 16,1 zu 1
Vitamin-C-Gehalt: hoch

Phänologische Daten:
Austrieb: Mittelfrüh (20.03.)
Vollblüte: Mittel (25.04.)
Ernte: E 9 (27.09.)

Fruchtbeschreibung: Mittelgroß bis groß, kugelförmig, tendenziell hochgebaut, Kelchgrube leicht gefältelt, sortentypisch tief eingesenkt, Kelchblätter kurz, breit, Kelch halboffen, Stielgrube flach, Stiel kurz bis mittellang, Grundfarbe gelblich grün, flächig dunkelrote Deckfarbe, Schale glatt und beduftet, vollreif fettig, Berostung fehlend, Fruchtfleisch cremefarben, etwas trocken, grobzellig, süßlich aromatisch.

Krankheiten/Schaderreger: Schorfresistent (Vf), gering anfällig für Mehltau, hochrobust gegenüber Feuerbrand, leicht anfällig für Obstbaumkrebs.

Ertrag/Lagereignung: Sehr guter Ertrag, regelmäßig, rascher Ertragsbeginn, im Kühllager bis Ende März lagerfähig.

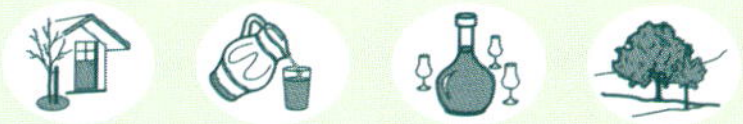

Florina

Herkunft: Mehrfachkreuzung aus *Malus floribunda* 821 × 'Rome Beauty', Synonym 'Querina', INRA Angers, Frankreich, seit 1977 im Handel

Baum: Starker Wuchs, gut verzweigt, breitwüchsig, lange verkahlende Fruchtäste.

Beurteilung: Lange Zeit war diese Sorte aufgrund ihrer guten Eigenschaften die Standardsorte im ökologischen Obstanbau, geschmacklich ist sie leider nur mäßig.

Fruchtbeschreibung: Mittelgroß, hochgebaut, stumpfkegelförmig, leicht gerippt, Kelchgrube weit und tief mit offenem Kelch, Stiel mittellang und dünn, Grundfarbe gelbgrün, Deckfarbe orange bis dunkelrot, leicht beduftet, Lentizellen grauweiß und deutlich hervortretend, Schale glatt, sehr fest, leicht wachsig, Fruchtfleisch gelblich weiß, mittelfest und saftig, leicht parfümiert, etwas fade im Geschmack, wird schnell weich.

Krankheiten/Schaderreger: Schorfresistent (Vf), mittel anfällig für Mehltau, ansonsten sehr robuste Sorte.

Ertrag/Lagereignung: Sehr guter Ertrag, mäßige bis starke Alternanz, rascher Ertragseintritt, im Kühllager bis Januar haltbar.

Fruchteigenschaften:
Fruchtgewicht (g): 135
Sortieranteil 70–85 mm (%): 57
Festigkeit (kg/cm²): 8,2
Stärkewert: 6,1
Zucker (% Brix): 12,7
Gesamtsäure (g/l): 7,3
Zucker-Säure-Verhältnis: 17,4 zu 1
Vitamin-C-Gehalt: sehr gering

Phänologische Daten:
Austrieb: spät (24.03.)
Vollblüte: mittelspät (26.04.)
Ernte: M 9 (17.09.)

Galiwa

Herkunft: 'Gala' × K1R20A44, Agroscope Wädenswil (ACW), Schweiz, Sortenschutz in Europa

Baum: Sehr stark, langästig, gut verzweigt, benötigt langen Fruchtholzschnitt, breitwüchsig, im Kopfbereich überbauend.

Beurteilung: Die Alternative zu der schorfanfälligen Sorte 'Gala', gut geeignet für den Erwerbsanbau und den Hausgarten.

Fruchteigenschaften:
Fruchtgewicht (g): 173
Sortieranteil 70–85 mm (%): 77
Festigkeit (kg/cm²): 8,6
Stärkewert: 4,8
Zucker (% Brix): 13,9
Gesamtsäure (g/l): 3,7
Zucker-Säure-Verhältnis: 38 zu 1
Vitamin-C-Gehalt: sehr gering

Phänologische Daten:
Austrieb: mittelfrüh (24.03.)
Vollblüte: mittel (22.04.)
Ernte: M 9 (17.09.)

Fruchtbeschreibung: Mittelgroß, rund bis walzenförmig hochgebaut, kantig, Kelchgrube breit und tief, Kelch mit Höckern, Kelchblätter lang und dünn, zusammengeneigt, Kelch verschlossen, Stielgrube mittelweit, wenig tief, Stiel lang und dünn, am Ende knopfig, Grundfarbe grünlich gelb, Deckfarbe leuchtend rot, so gut wie keine Berostung, Fruchtfleisch gelb, grobzellig, erst saftig, später trockenkauend, geschmacklich rein süß, hat einen gefälligen aromatischen Beiton nach Banane/Melone.

Krankheiten/Schaderreger: Schorfresistent (Vf + polygen), etwas Mehltaubefall, Blätter rollen sich in heißen Sommern ein, ansonsten sehr gesundes und vitales Blattwerk.

Ertrag/Lagereignung: Mittlere bis gute Erträge, langsamer Ertragsbeginn, im Kühllager bis Februar lagerfähig.

Gerlinde

Herkunft: 'Elstar' × TSR 15 T3, ehemalige Bundesforschungsanstalt für Pflanzenzüchtung, Ahrensburg, Sortenschutz in Europa

Baum: Mittelstarker Wuchs, breitpyramidal, mittel verkahlend, Sorte trägt in Fruchtbüscheln und muss deshalb und wegen der Alternanz ausgedünnt werden.

Beurteilung: Kleinfrüchtige Herbstsorte mit guten geschmacklichen Eigenschaften aber begrenzter Lagerfähigkeit, erfordert einen gewissen Pflanzenschutz gegen Mehltau.

Fruchtbeschreibung: Klein bis mittelgroß, kugelig, mittelbauchig, kurzachsig, runder Querschnitt, geschlossene Kernkammern, Kelchgrube schüsselförmig, Kelchblätter mittelbreit und lang, aufrecht, geöffnet, Kelch halboffen, Stielgrube mitteltief und weit, Stiel mittellang, Grundfarbe grünlich gelb bis gelb, Deckfarbe streifig bis flächig dunkelrot, matt glänzend, Fruchtfleisch gelblich, mittelfest, saftig, feinzellig, guter Geschmack.

Krankheiten/Schaderreger: Schorfresistent (Vf), leider mittel bis hoch anfällig gegenüber Mehltau, in allen Prüfjahren trat regelmäßig Mehltau auf.

Ertrag/Lagereignung: Mittleres Ertragsniveau, rascher Ertragsbeginn, starke Alternanz, im Kühllager bis Dezember lagerfähig.

Fruchteigenschaften:
Fruchtgewicht (g): 106
Sortieranteil 70–85 mm (%): 26
Festigkeit (kg/cm²): 8,3
Stärkewert: 5,3
Zucker (% Brix): 12,5
Gesamtsäure (g/l): 10,6
Zucker-Säure-Verhältnis: 11,8 zu 1
Vitamin-C-Gehalt: sehr gering

Phänologische Daten:
Austrieb: mittelfrüh (22.03.)
Vollblüte: mittel (26.04.)
Ernte: M–E 8 (20.08.)

Goldjuwel

Herkunft: Vermutlich aus freier Abblüte von 'Transparent' und 'Antonowka' entstanden, J. Kreitmair, Weichs, Sortenschutz in Deutschland

Baum: Mittelstark bis stark, langästig, breitwüchsig, verkahlend, bildet keine stabile Mitte auf M 9.

Beurteilung: Streuobst- und Hausgartensorte mit beeindruckender Fruchtgröße und guter Widerstandsfähigkeit gegenüber Schaderregern, laut Züchter guter Kompott- und Backapfel.

Fruchteigenschaften:
Fruchtgewicht (g): 290
Sortieranteil 70–85 mm: –
Festigkeit (kg/cm²): 7,2
Stärkewert: 4,2
Zucker (% Brix): 12,9
Gesamtsäure (g/l): 11,2
Zucker-Säure-Verhältnis: 11,5 zu 1
Vitamin-C-Gehalt: gering

Phänologische Daten:
Austrieb: mittel
Vollblüte: früh
Ernte: M 9 (11.09.)

Fruchtbeschreibung: Sehr groß (teilweise über 500 g), kugelförmig bis plattrund, Relief ungleichförmig, teils kantig, Kelchgrube schüsselförmig, weit, mit Rippen und Höckern, Kelch mitteltief, Kelchblätter breit und kurz, Kelch weit offen, Stielgrube weit und tief, Fruchtstiele sehr kurz, Grundfarbe blassgelb bis gelb, Fruchtfleisch hellgrünlich bis weiß, knackig, grobzellig, mäßig saftig, trockenfleischig, fest, säuerlich.

Krankheiten/Schaderreger: Schorftolerant, kein Mehltau aufgetreten, gesundes Laub, vorzeitiger Fruchtfall (gegenseitiges Abdrücken der Früchte aufgrund kurzer Stiele).

Ertrag/Lagereignung: Mittlerer bis geringer Ertrag im Verhältnis zum Wachstum, langsamer Ertragsbeginn, regelmäßiger Träger, gekühlt bis Februar lagerfähig.

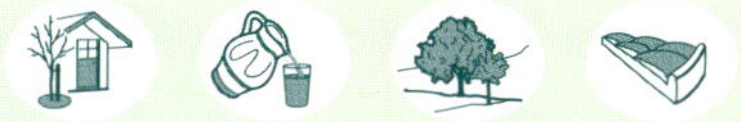

GoldRush

Herkunft: 'Golden Delicious' × 'COOP 17', Universität Illinois, USA, Sortenschutz in Europa

Baum: Schwacher bis mittelstarker Wuchs, sehr gut verzweigt, nahezu waagerechte Astabgänge, dünnes Fruchtholz, Wuchs und Schnitt unproblematisch.

Beurteilung: Sehr gute Sorte für den Erwerbsanbau (Bio- und Direktvermarkter), stellt hohe Ansprüche an Standort (Weinbauklima) und Kulturführung (Ausdünnung), anfällig für Resistenzdurchbruch bei Schorf.

Fruchtbeschreibung: Mittelgroß, hochgebaut, stumpfkegelförmig, mittelbauchig, Kelchgrube schüsselförmig, Kelchblätter lang und schmal, Kelch geschlossen, Stielgrube mittelweit und mitteltief, berostet, Stiel kurz, Grundfarbe schmutzig grünlich gelb bis gelb, auf der Sonnenseite ein Hauch von roter Deckfarbe, Schale trocken, rau, große Lentizellen, Fruchtfleisch gelb, sehr fest, saftig, hervorragender Geschmack.

Krankheiten/Schaderreger: Schorfresistent (Vf), mittel anfällig für Mehltau, stark anfällig für Regenflecken, robust gegenüber Feuerbrand.

Ertrag/Lagereignung: Sehr hohe Erträge, dadurch starke Alternanz, Sorte erfordert Fruchtausdünnung, rascher Ertragsbeginn, sehr gut lagerfähig (im Kühllager bis April).

Fruchteigenschaften:
Fruchtgewicht (g): 135
Sortieranteil 70–85 mm (%): 44
Festigkeit (kg/cm^2): 9,5
Stärkewert: 5,5
Zucker (% Brix): 14,8
Gesamtsäure (g/l): 9,2
Zucker-Säure-Verhältnis: 16,1 zu 1
Vitamin-C-Gehalt: hoch

Phänologische Daten:
Austrieb: mittelfrüh (21.03.)
Vollblüte: mittelfrüh (24.04.)
Ernte: M 10 (17.10.)

Goldstar

Herkunft: 'Rubin' × 'Vanda', Institute of Experimental Botany AS CR, v. v. i., Prag (Strizovice), Tschechien, Sortenschutz in Europa

Baum: Schwacher Wuchs, gut verzweigt, leicht verkahlend.

Beurteilung: Qualitativ und bezüglich des Leistungsvermögens eine sehr hochwertige Sorte, einzig das Aussehen (rein gelb) ist nicht befriedigend.

Fruchteigenschaften:
Fruchtgewicht (g): 159
Sortieranteil 70–85 mm (%): 80
Festigkeit (kg/cm²): 6,8
Stärkewert: 7
Zucker (% Brix): 13,3
Gesamtsäure (g/l): 7,8
Zucker-Säure-Verhältnis: 17 zu 1
Vitamin-C-Gehalt: mittel

Phänologische Daten:
Austrieb: mittelfrüh (19.03.)
Vollblüte: mittel (25.04.)
Ernte: A 10 (02.10.)

Fruchtbeschreibung: Mittelgroß bis groß, kugelig, mittelbauchig, kurzachsig, Kelchgrube schüsselförmig und weit, Kelchblätter fleischig, kurz, schmal, Kelch halboffen, Stielgrube weit, mitteltief, streifig berostet, Stiel mittellang, Grundfarbe gelblich grün, nur bei Sonnenfrüchten ein Hauch orangerote Deckfarbe, Schale glatt, leicht wachsig, Lentizellen groß hellgrau, Fruchtfleisch weißlich gelb, saftig, knackig, hervorragender Geschmack.

Krankheiten/Schaderreger: Schorfresistent (Vf), kaum anfällig für Mehltau, Obstbaumkrebs aufgetreten.

Ertrag/Lagereignung: Sehr guter Ertrag, rascher Ertragsbeginn, kaum Alternanz, im Kühllager bis März lagerfähig.

Hana

Herkunft: 'Prima' × 'Krasava', Institute of Experimental Botany AS CR, v. v. i., Prag (Strizovice), Tschechien, seit 1997 im Handel

Baum: Mittelstarker Wuchs, mäßig verzweigt, breit ausladend, verkahlende Seitenäste.

Beurteilung: Sehr früh reifende Sorte für den sofortigen Verbrauch im Hausgarten, wird rasch weich und fettet sich dann stark ein.

Fruchtbeschreibung: Mittelgroß bis klein, kugelförmig bis leicht hochgebaut, Kernkammern geschlossen, Kelchgrube schüsselförmig mit ganz leichten Höckern, Kelchblätter lang und breit, Kelch offen, Stielgrube weit, mitteltief und regelmäßig berostet, Stiel mittellang, Grundfarbe hellgrün, Deckfarbe streifig, verwaschen, dunkelrot bis tiefrot, Schale glatt, leichter Wachsüberzug, Fleisch weich, mittelsaftig, leicht mehlig, im Geschmack zu sauer.

Krankheiten/Schaderreger: Schorfresistent (Vf), sehr gesunde, vitale Bäume, kaum Mehltaubefall aufgetreten.

Ertrag/Lagereignung: Mittlerer Ertrag, kaum Alternanz, früher Ertragsbeginn, sehr früh reifende Sorte und als solche nicht lagerfähig (max. 3 Wochen haltbar).

Fruchteigenschaften:
Fruchtgewicht (g): 111
Sortieranteil 70–85 mm (%): 36
Festigkeit (kg/cm^2): 5,3
Stärkewert: 7,6
Zucker (% Brix): 12,7
Gesamtsäure (g/l): 9,4
Zucker-Säure-Verhältnis: 13,5 zu 1
Vitamin-C-Gehalt: gering

Phänologische Daten:
Austrieb: mittel (20.03.)
Vollblüte: früh (21.04.)
Ernte: E 7 (28.07.)

Heliodor

Herkunft: 'Golden Delicious' × 'Topaz', Institute of Experimental Botany AS CR, v. v. i., Prag (Strizovice), Tschechien, Sortenschutz in Europa

Baum: Mittelstark, gut verzweigt, fast waagerechte Astabgänge, sehr schöner Baumaufbau.

Beurteilung: Gute Hausgartensorte, zur Vermeidung von Alternanz ist jedoch Fruchtausdünnung erforderlich.

Fruchteigenschaften:
Fruchtgewicht (g): 131
Sortieranteil 70–85 mm (%): 54
Festigkeit (kg/cm^2): 8,3
Stärkewert: 6,8
Zucker (% Brix): 13,3
Gesamtsäure (g/l): 9,6
Zucker-Säure-Verhältnis: 13,9 zu 1
Vitamin-C-Gehalt: gering

Phänologische Daten:
Austrieb: mittel (26.03.)
Vollblüte: mittelfrüh (25.04.)
Ernte: A 10 (02.10.)

Fruchtbeschreibung: Mittelgroß, kugelig bis plattrund, Kelchblätter lang, schmal, aufrecht, geöffnet, Kelch halb offen, sortentypisch lange Kelchröhre bis ins Kernhaus, Stielgrube mittelweit, tief, Stiel lang, Grundfarbe intensiv gelb, kaum Berostung, Schale sehr glatt, gelbliches Fruchtfleisch, sehr feinzellig, geschmacklich ausgewogen, saftig, etwas dicke festkauende Schale, nur gut ausgefärbte Früchte schmecken richtig gut.

Krankheiten/Schaderreger: Schorfresistent (Vf), wenig anfällig für Mehltau, aufgrund der bis ins Kernhaus geöffneten Kelchröhre leider häufig Kernhausschimmel.

Ertrag/Lagereignung: Mittlerer Träger, rascher Ertragsbeginn, starke Alternanz, Lagerung im Kühllager bis Januar, wird schnell weich.

Hilde

Herkunft: Zufallssämling, Niederelbe, Deutschland, Dr. Griemsmann, Neuenkirchen

Baum: Mittelstarker bis schwacher Wuchs, sehr gesunde Bäume, gut verzweigt.

Beurteilung: Sehr leistungsstarke Mostobstsorte für den intensiven Mostobstanbau oder den Streuobstanbau mit guter Allgemeintoleranz gegen die wichtigsten Pilzkrankheiten, sehr vitale Bäume, die auch robust gegenüber Resistenzdurchbruch sind.

Fruchtbeschreibung: Groß bis sehr groß, hochgebaut, mittelbauchig, mittellangachsig, Kelchgrube tief eingesenkt, schüsselförmig mit Höckern, Kelchblätter lang und dick, Kelch offen, Stielgrube mittelweit, tief, Stiel kurz, mitteldick, Grundfarbe hellgrün, Deckfarbe rotbraun, gesprenkelt bis geflammt, in und um die Stielgrube berostet, viele kleine weiße behöfte Lentizellen, saurer Mostapfel.

Krankheiten/Schaderreger: Schorftolerant aber keine explizite Resistenz, auch in extremen Befallsjahren kaum Schorfbefall aufgetreten, tolerant auch gegenüber Mehltau, sehr gesunde, robuste und vitale Bäume.

Ertrag/Lagereignung: Sehr hohe Erträge, regelmäßig, keine Alternanz, rascher Ertragsbeginn, kann lange am Baum hängen und fällt nicht.

Fruchteigenschaften:
Fruchtgewicht (g): 210
Sortieranteil 70–85 mm (%): 60
Festigkeit (kg/cm²): 9,5
Stärkewert: 8,3
Zucker (% Brix): 12,6
Gesamtsäure (g/l): 12,3
Zucker-Säure-Verhältnis: 10,2 zu 1
Vitamin-C-Gehalt: sehr gering

Phänologische Daten:
Austrieb: mittelspät (22.03.)
Vollblüte: mittel (25.04.)
Ernte: M 10 (12.10.)

Juliet™

Herkunft: PRI 1018-101 × 'Viking' (= 'PRI 1033-5'), Synonym 'COOP 43', PAR 14T238 oder PRI 2597-103, Universität Illinois, USA, Sortenschutz in Europa

Baum: Mittelstarker Wuchs, schlecht verzweigt, gesunde Bäume, die entweder stärkere Unterlagen oder etwas mehr Düngung benötigen.

Beurteilung: Sehr lange lagerfähige Sorte mit gutem Shelf Life, Fruchtausdünnung notwendig für regelmäßige Erträge, für Liebhaber geschmacklich süßer Sorten.

Fruchteigenschaften:
Fruchtgewicht (g): 140
Sortieranteil 70–85 mm (%): 68
Festigkeit (kg/cm²): 8,6
Stärkewert: 7,8
Zucker (% Brix): 14
Gesamtsäure (g/l): 3,7
Zucker-Säure-Verhältnis: 38 zu 1
Vitamin-C-Gehalt: gering

Phänologische Daten:
Austrieb: früh (18.03.)
Vollblüte: früh (23.04.)
Ernte: M 10 (14.10.)

Fruchtbeschreibung: Mittelgroß, kugelig, mittelbauchig, Kelchgrube mit leichten Höckern, Kelchblätter kurz und breit, Kelch halboffen, Stielgrube mittelweit und mitteltief, Grundfarbe gelblich grün, Deckfarbe bräunlich rot, teils flächig teils geflammt, Schale glatt, Früchte am Baum noch beduftet, später leicht wachsig, auffällige weiße Lentizellen mit hellem Hof, Fruchtfleisch fest und weiß, absolut knackig, Geschmack mild, rein süß, wenig Säure.

Krankheiten/Schaderreger: Schorfresistent (Vf), kaum Befall mit Mehltau aufgetreten, gesundes vitales Blattwerk.

Ertrag/Lagereignung: Im Verhältnis zum Baumwachstum guter Ertrag, schneller Ertragsbeginn, jedoch stark alternierend, sehr gut lagerfähig, im Kühllager mindestens bis April.

Karneval

Herkunft: 'Vanda' × 'Pink Lady', Institute of Experimental Botany AS CR, v. v. i., Prag (Strizovice), Tschechien, Sortenschutz in Europa

Baum: Mittelstark im Wuchs, gut verzweigt, sehr schöne kompakte Bäume, gut verzweigt, hervorragender Baumaufbau.

Beurteilung: Sorte mit ganz typisch gefleckten Früchten mit sehr hohem Wiedererkennungswert, Schaufrucht für den Hausgarten und die Direktvermarktung.

Fruchtbeschreibung: Mittelgroß, rund bis leicht konisch hochgebaut, Fruchtoberfläche orangenhäutig, leicht gewellt wie bei 'Pink Lady', Kelchgrube weit und tief, typisch napfförmig, Kelchblätter lang und gelblich grün, fleischig, Kelch verschlossen, Stielgrube weit und tief, Stiel kurz bis mittellang, Grundfarbe gelblich grün, Deckfarbe gefleckt pinkrot, kaum berostet, weißes Fruchtfleisch, säurebetont, wenig saftig, aber guter Geschmack.

Krankheiten/Schaderreger: Schorfresistent (Vf), vitales intensiv grünes Laub, kaum Mehltau, leicht anfällig gegenüber Obstbaumkrebs, robust gegenüber Spätfrost.

Ertrag/Lagereignung: Sehr hoher Ertrag, keine Alternanz, rascher Ertragsbeginn, nur mäßig lagerfähig, im Kühllager bis Januar.

Fruchteigenschaften:
Fruchtgewicht (g): 143
Sortieranteil 70–85 mm (%): 61
Festigkeit (kg/cm^2): 9
Stärkewert: 4
Zucker (% Brix): 13,9
Gesamtsäure (g/l): 12,8
Zucker-Säure-Verhältnis: 10,9 zu 1
Vitamin-C-Gehalt: gering

Phänologische Daten:
Austrieb: früh (22.03.)
Vollblüte: früh (19.04.)
Ernte: E 9 (23.09.)

Ladina

Herkunft: 'Topaz' × 'Fuji', Agroscope Wädenswil (ACW), Schweiz, Sortenschutz in Europa

Baum: Mittelstark, sehr gut garniert, breitwüchsig, Triebbüschel, die ausgebrochen werden müssen.

Beurteilung: Aufgrund der sehr guten Pflanzengesundheit und vor allem der Toleranz gegenüber Feuerbrand eine empfehlenswerte Sorte für den Erwerbs- und Hausgartenanbau.

Fruchteigenschaften:
Fruchtgewicht (g): 137
Sortieranteil 70–85 mm (%): 56
Festigkeit (kg/cm²): 8
Stärkewert: 5,8
Zucker (% Brix): 13
Gesamtsäure (g/l): 6,3
Zucker-Säure-Verhältnis: 20,6 zu 1
Vitamin-C-Gehalt: gering

Phänologische Daten:
Austrieb: mittel (27.03.)
Vollblüte: mittelspät (24.04.)
Ernte: A 9 (07.09.)

Fruchtbeschreibung: Mittelgroß, rund bis leicht plattrund, Stielgrube mittelweit, wenig tief, Stiele eingesteckt, mittellang und dünn, typisch weite und tief schüsselförmige Kelchgrube, Kelchblätter mittellang, mittelbreit, grau behaart, Kelch verschlossen, Grundfarbe grünlich gelb, nahezu 100 % matt bis schmutzig rote Deckfarbe, leicht beduftet, sehr glattschalig, Fruchtfleisch sehr saftig, gelb, sehr fest, knackig spritzig, süßlich, geschmacklich mittel.

Krankheiten/Schaderreger: Schorfresistent (Vf), hochtolerant gegen Feuerbrand, kein Mehltau, vitale und sehr gesunde Pflanzen.

Ertrag/Lagereignung: Gutes Ertragsvermögen, leicht alternierend, Fruchtausdünnung ratsam, im Kühllager gut lagerfähig (März).

Lotos

Herkunft: 'Octovo' × 'Jolana', Institute of Experimental Botany AS CR, v. v. i., Prag (Strizovice), Tschechien

Baum: Mittelstark, gut verzweigt, ausgeglichene und ruhige Bäume, etwas verkahlend.

Beurteilung: Herbstsorte mit befriedigendem Geschmack und mittlerem Ertragsniveau.

Fruchtbeschreibung: Mittelgroß, stumpfkegelförmig, stielbauchig, mittellangachsig, Kelchgrube tief, Kelchblätter mittelbreit und kurz, zusammengeneigt, Kelch halboffen, Stielgrube weit und mitteltief, Stiel kurz bis mittellang und holzig, Grundfarbe grünlich gelb, Deckfarbe streifig bis flächig, mittel- bis dunkelrot, matt glänzend, Schale leicht wachsig, Fleisch gelblich weiß, mittelsaftig, etwas weich, Geschmack süßlich, aromatisch, knackig, feinzellig.

Krankheiten/Schaderreger: Schorfresistent (Vf), etwas anfällig für Mehltau, Früchte anfällig für Sonnenbrand und Stippe.

Ertrag/Lagereignung: Ertragsniveau mittelmäßig, stark alternierend, wenig lagerfähig, gekühlt bis Dezember.

Fruchteigenschaften:
Fruchtgewicht (g): 133
Sortieranteil 70–85 mm (%): 64
Festigkeit (kg/cm²): 6,8
Stärkewert: 3,5
Zucker (% Brix): 14,0
Gesamtsäure (g/l): 9,3
Zucker-Säure-Verhältnis: 15,1 zu 1
Vitamin-C-Gehalt: gering bis mittel

Phänologische Daten:
Austrieb: mittelfrüh (21.03.)
Vollblüte: mittelfrüh (24.04.)
Ernte: E 8 (31.08.)

Lucy

Herkunft: 'Topaz' × 'Fuji', Institute of Experimental Botany AS CR, v. v. i., Prag (Strizovice)

Baum: Stark wachsend, gut verzweigt, langästig, leicht verkahlend, Formierung empfehlenswert, Wuchstyp wie 'Fuji'.

Beurteilung: Wohlschmeckende Sorte mit einer Geschmacksnote nach Banane, die aber bezüglich des Wachstums sehr der stark wachsenden Elternsorte 'Fuji' ähnelt.

Fruchteigenschaften:
Fruchtgewicht (g): 141
Sortieranteil 70–85 mm (%): 63
Festigkeit (kg/cm²): 9,0
Stärkewert: 5,6
Zucker (% Brix): 14,5
Gesamtsäure (g/l): 9,6
Zucker-Säure-Verhältnis: 15,1 zu 1
Vitamin-C-Gehalt: gering

Phänologische Daten:
Austrieb: mittel (24.03.)
Vollblüte: mittelspät (23.04.)
Ernte: E 9 (25.09.)

Fruchtbeschreibung: Mittelgroß, rund, Oberfläche leicht wellig, Kelchgrube weit und mitteltief, mit typischen kleinen Falten („Perlen") am Kelchblattgrund, Kelchblätter lang und schmal, Kelch verschlossen, Stielgrube mittelweit und mitteltief, Fruchtstiel lang und dünn, Grundfarbe gelblich grün, flächig bis streifige dunkelrot marmorierte Deckfarbe, Fruchtfleisch gelblich, sehr fest, knackig, etwas trocken, aromatisch mit Beiton von Banane, tendenziell süß, aber auch Säure dabei, guter Geschmack.

Krankheiten/Schaderreger: Schorfresistent (Vf), manchmal etwas Mehltau, ansonsten gesundes und vitales Blattwerk.

Ertrag/Lagereignung: Ertragspotenzial hoch, langsamer Ertragsbeginn, regelmäßig, gut lagerfähig, im Kühllager bis Februar.

Luna

Herkunft: 'Topaz' × 'Golden Delicious', Institute of Experimental Botany AS CR, v. v. i., Prag (Strizovice), Tschechien, Sortenschutz in Europa

Baum: Schwacher bis mittelstarker Wuchs, sehr gut verzweigt, fast waagerechte Astabgänge, intensiv grünes und vitales Laub, sehr schöner Baumaufbau.

Beurteilung: Aufgrund der Pflanzengesundheit, der Erträge und der Fruchtqualität sehr interessante Sorte für den Hausgarten und den intensiven Mostobstanbau.

Fruchtbeschreibung: Mittelgroß, rund, mittelbauchig, Kelchgrube schüsselförmig, Kelchblätter kurz und dick, Stielgrube mittelweit und mitteltief, kaum berostet, sehr glattschalig, Farbe blassgelb, bleich (daher die Namensgebung), große Lentizellen, Früchte sehr druckempfindlich, leicht gelbes Fruchtfleisch, knackig, saftig, spritzig, crisp, hervorragender Geschmack.

Krankheiten/Schaderreger: Schorfresistent (Vf), kaum Mehltau aufgetreten, beeindruckende Pflanzengesundheit, scheint jedoch anfällig für Besenwuchs und die Regenflecken-Krankheit.

Ertrag/Lagereignung: Sehr guter Träger, rascher Ertragsbeginn, regelmäßige Erträge, im Kühllager bis März lagerfähig.

Fruchteigenschaften:
Fruchtgewicht (g): 156
Sortieranteil 70–85 mm (%): 75
Festigkeit (kg/cm²): 8,5
Stärkewert: 5
Zucker (% Brix): 13
Gesamtsäure (g/l): 9,8
Zucker-Säure-Verhältnis: 13,3 zu 1
Vitamin-C-Gehalt: sehr gering

Phänologische Daten:
Austrieb: früh (23.03.)
Vollblüte: mittelfrüh (25.04.)
Ernte: A 10 (07.10.)

Mars

Herkunft: ('Jolana' × 'Rubin') × ('Dukat' × 'Rubin'), Institute of Experimental Botany AS CR, v. v. i., Prag (Strizovice), Tschechien, Sortenschutz in Deutschland und Europa

Baum: Schwacher Wuchs, gut verzweigt, waagerechte Astabgänge, sehr schöner Baumaufbau, stärkere Unterlagen empfehlenswert.

Beurteilung: Äußerst ertragreiche und sehr gut lagerfähige Sorte für den Bioanbau, Hausgarten- und Streuobstanbau, sehr gesunde und vitale Bäume, eigenständige Optik der Früchte.

Fruchteigenschaften:
Fruchtgewicht (g): 143
Sortieranteil 70–85 mm (%): 73
Festigkeit (kg/cm²): 8,2
Stärkewert: 4,3
Zucker (% Brix): 12,4
Gesamtsäure (g/l): 9,1
Zucker-Säure-Verhältnis: 13,6 zu 1
Vitamin-C-Gehalt: mittel

Phänologische Daten:
Austrieb: mittelfrüh (19.03.)
Vollblüte: mittelfrüh (23.04.)
Ernte: A 10 (02.10.)

Fruchtbeschreibung: Mittel- bis großfrüchtig, kugelig bis leicht hochgebaut, Kelchgrube schüsselförmig mit leichten Höckern, Kelchblätter lang und breit, Kelch geöffnet, Stielgrube mittelweit und tief, Stiel mitteldick und lang, Grundfarbe gelb, Deckfarbe schön karminrot mit leuchtend grauen Lentizellen darauf, Schale glatt, leicht wachsig, etwas dick, Fruchtfleisch gelblich, geschmacklich saftig, knackig, süß-säuerlich.

Krankheiten/Schaderreger: Schorfresistent (Vf), kaum Mehltaubefall aufgetreten, sehr gesunde Bäume, kaum Schaderreger beobachtet.

Ertrag/Lagereignung: Sehr hohes Ertragsvermögen, trotz bester Erträge keine Alternanz, rascher Ertragsbeginn, gut lagerfähig, im Kühllager bis März.

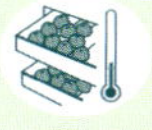

Melodie

Herkunft: 'Shampion' × OR 38 T 16, Institute of Experimental Botany AS CR, v. v. i., Prag (Strizovice), Tschechien

Baum: Schwacher Wuchs, gut verzweigt, schöne „ruhige" Bäume.

Beurteilung: Gute Sorte für den intensiven Mostobstanbau, benötigt aufgrund der starken Alternanz jedoch Ausdünnungsmaßnahmen zum Zeitpunkt der Blüte.

Fruchtbeschreibung: Großfrüchtig, stumpf kegelförmig, stielbauchig, Kernkammern offen, Kelchgrube schüsselförmig, Kelchblätter mittelbreit, kurz, Kelch halboffen, Stielgrube mitteltief, weit, berostet, Stiel mittellang, Grundfarbe gelblich grün, Deckfarbe purpurrot, Schale glatt, stark beduftet, Fruchtfleisch weiß, saftig, feinzellig und knackig, etwas feste Schale, Geschmack säurebetont, mostiger Beigeschmack.

Krankheiten/Schaderreger: Schorfresistent (Vf), sehr gesundes Blattwerk, kaum Mehltaubefall aufgetreten.

Ertrag/Lagereignung: Sehr guter Ertrag, rascher Ertragsbeginn, Sorte neigt jedoch zu starker Alternanz.

Fruchteigenschaften:
Fruchtgewicht (g): 160
Sortieranteil 70–85 mm (%): 55
Festigkeit (kg/cm²): 6,4
Stärkewert: 9
Zucker (% Brix): 12,1
Gesamtsäure (g/l): 10,1
Zucker-Säure-Verhältnis: 12 zu 1
Vitamin-C-Gehalt: hoch

Phänologische Daten:
Austrieb: mittefrüh (19.03.)
Vollblüte: mittelfrüh (22.04.)
Ernte: M 9 (14.09.)

Merkur

Herkunft: 'Topaz' × Rajka', Institute of Experimental Botany AS CR, v. v. i., Prag (Strizovice), Tschechien, Sortenschutz in Europa

Baum: Wachstum mittelstark, lange und dicke Seitenäste mit typischer V-förmiger Verzweigung am Triebende, ordentlicher Baumhabitus.

Beurteilung: Hervorragende Sorte für Erwerb, Hausgarten und Streuobstanbau. Hoher Zuckergehalt und gute Ausbeuten in der Brennerei. Wegen Kragenfäule ist eine Hoch- oder Zwischenveredlung empfehlenswert.

Fruchteigenschaften:
Fruchtgewicht (g): 139
Sortieranteil 70–85 mm (%): 61
Festigkeit (kg/cm²): 8
Stärkewert: 7,4
Zucker (% Brix): 14,9
Gesamtsäure (g/l): 8,4
Zucker-Säure-Verhältnis: 17,7 zu 1
Vitamin-C-Gehalt: gering

Phänologische Daten:
Austrieb: früh (19.03.)
Vollblüte: früh (19.04.)
Ernte: A 9 (02.09.)

Fruchtbeschreibung: Mittelgroß, plattrund bis leicht hochgebaut, Kelchgrube weit und flach, sortentypisch gefältelt, Kelchblätter lang und schmal, Kelch geschlossen, Stielgrube mitteltief und weit, strahlenförmig berostet, Schale glatt, leicht wachsig, Grundfarbe grünlich gelb, Deckfarbe streifig bis flächig dunkelrot mit sehr großen, auffälligen Lentizellen, gelbliches Fruchtfleisch, feinzellig, festfleischig, süßlicher Apfel mit Geruchsnote nach Pflaume, hervorragender Geschmack.

Krankheiten/Schaderreger: Schorfresistent (Vf), auffallend gesundes Blattwerk, jedoch anfällig für Kragenfäule.

Ertrag/Lagereignung: Mittleres Ertragsniveau, rascher Ertragsbeginn, keine Alternanz, gut lagerfähig, im Kühllager bis März.

Mira

Herkunft: UEB 1205/2 × 'Karmina', Institute of Experimental Botany AS CR, v. v. i., Prag (Strizovice), Tschechien, seit 1997 im Handel

Baum: Schwacher Wuchs, schlecht verzweigt, wenig garniert, lange starke Seitenäste, die zudem verkahlen.

Beurteilung: Geschmacklich gute, dafür optisch wenig ansprechende Sorte, die zudem kulturtechnisch schwierig bezüglich des Wuchsverhaltens und der Fruchtausdünnung ist. Die Lagerfähigkeit und das Nachlagerungsverhalten hingegen sind sehr gut.

Fruchtbeschreibung: Mittelgroß, plattrund, Kelchgrube schüsselförmig tief und typisch gefältelt, rippig, Kelchblätter mittellang und mitteldick, Kelch verschlossen, Stielgrube mittelweit und tief, ganze Frucht unberostet, Fruchtstiel kurz und dick, Grundfarbe hellgrün, Deckfarbe schmutzig dunkelrot, beduftet, erst nach einer Politur wird die Farbe schön, Fruchtfleisch weiß, geschmacklich süß bis leicht säuerlich, grobzellig, knackig, saftig, dicke Schale.

Krankheiten/Schaderreger: Schorfresistent, etwas anfällig für Mehltau, Früchte in manchen Jahren anfällig für Lentizellenflecken und *Gloeosporium*.

Ertrag/Lagereignung: Geringes Ertragsvermögen, trägt in Fruchtbüscheln, Ausdünnung ratsam, sonst droht Alternanz, im Kühllager sehr gut lagerfähig bis Ende März.

Fruchteigenschaften:
Fruchtgewicht (g): 167
Sortieranteil 70–85 mm (%): 75
Festigkeit (kg/cm²): 8,8
Stärkewert: 4
Zucker (% Brix): 14,1
Gesamtsäure (g/l): 9,6
Zucker-Säure-Verhältnis: 14,7 zu 1
Vitamin-C-Gehalt: sehr gering

Phänologische Daten:
Austrieb: mittelfrüh (28.03.)
Vollblüte: mittelfrüh (25.04.)
Ernte: E 9 (28.09.)

Nela

Herkunft: 'Prima' × 'Krasava', Institute of Experimental Botany AS CR, v. v. i., Prag (Strizovice), Tschechien, Sortenschutz in Deutschland

Baum: Mittelstarker bis starker Wuchs, frohwüchsig, gut verzweigt, breitwüchsig.

Beurteilung: Wohlschmeckende Frühsorte für den Hausgarten, für den Erwerbsanbau leider zu kleine Früchte, Ausdünnung notwendig.

Fruchteigenschaften:
Fruchtgewicht (g): 87
Sortieranteil 70–85 mm (%): 16
Festigkeit (kg/cm²): 7,3
Stärkewert: 4,6
Zucker (% Brix): 12,2
Gesamtsäure (g/l): 11,5
Zucker-Säure-Verhältnis: 10,6 zu 1
Vitamin-C-Gehalt: gering

Phänologische Daten:
Austrieb: früh (18.03.)
Vollblüte: früh (21.04.)
Ernte: A 8 (05.08.)

Fruchtbeschreibung: Kleinfrüchtig, kugel- bis stumpf kegelförmig, Kernkammern offen, Kelchgrube schüsselförmig, Kelchblätter mittellang und mittelbreit, Kelch geschlossen, Stielgrube weit und tief, berostet, Stiel mittellang, dünn, Grundfarbe grünlich gelb bis gelb, Deckfarbe streifig leuchtend rot, Schale leicht wachsig, Fruchtfleisch gelblich weiß, langsam oxidierend, saftig, ohne Fehler, feinzellig, würzig, guter Geschmack.

Krankheiten/Schaderreger: Schorfresistent (Vf), kaum Mehltau aufgetreten, gesundes und vitales Blattwerk.

Ertrag/Lagereignung: Sorte trägt sehr gut, tendiert aber zu Alternanz, rascher Ertragsbeginn, für eine so früh reifende Sorte sehr gut lagerfähig, gutes Shelf Life.

Opal

Herkunft: 'Golden Delicious' × 'Topaz', Institute of Experimental Botany AS CR, v. v. i., Prag (Strizovice), Tschechien, Sortenschutz in Europa

Baum: Mittelstarker Wuchs, gut verzweigt, sehr guter Baumaufbau, fast waagerechte Astabgänge, etwas buschig, da regelmäßig viel Neuaustrieb.

Beurteilung: Ertragsmäßig und geschmacklich ausgezeichnete Sorte für trockene und warme Lagen. Bissfest und lange lagerfähig. Empfehlenswert für Erwerbs- und Hobbyanbau, tendiert allerdings zu Resistenzdurchbruch.

Fruchtbeschreibung: Mittelgroß, hochgebaut, leicht walzenförmig, Kelchgrube schüsselförmig weit, innen glatt, tief, Kelchblätter lang und breit, Kelch verschlossen, Stielgrube mittelweit, mitteltief, meist strahlenförmig berostet, Stiel mittellang, dünn, Grundfarbe sortentypisch goldgelb, ein Hauch roter Deckfarbe, sehr große behöfte Lentizellen, gelbes Fruchtfleisch, absolut knackig saftig, spritzig, sehr guter Geschmack.

Krankheiten/Schaderreger: Schorfresistent (Vf), kaum anfällig für Mehltau, etwas Krebs und mehlige Apfellaus aufgetreten, in feuchten Lagen starke Fruchtberostung, Resistenzdurchbruch aufgetreten.

Ertrag/Lagereignung: Hoher und regelmäßiger Ertrag, rascher Ertragsbeginn, im Kühllager bis März lagerfähig.

Fruchteigenschaften:
Fruchtgewicht (g): 136
Sortieranteil 70–85 mm (%): 54
Festigkeit (kg/cm²): 8,4
Stärkewert: 6,2
Zucker (% Brix): 14,2
Gesamtsäure (g/l): 7,3
Zucker-Säure-Verhältnis: 19,5 zu 1
Vitamin-C-Gehalt: mittel

Phänologische Daten:
Austrieb: mittelfrüh (25.03.)
Vollblüte: mittelfrüh (24.04.)
Ernte: M–E 9 (24.09.)

Orion

Herkunft: 'Golden Delicious' × 'Otava', Institute of Experimental Botany AS CR, v. v. i., Prag (Strizovice), Sortenschutz in Europa

Baum: Wuchs mittelstark bis stark, sehr langästig, schlecht verzweigt, erst nach Jahren erlangt der Baum einen ansprechenden Habitus.

Beurteilung: Triploide Sorte mit entsprechenden Wuchseigenschaften und Eignung für den Streuobstanbau sowie die Brennerei, die den Spätfrost 2011 ohne Ertragsausfall überstanden hat.

Fruchteigenschaften:
Fruchtgewicht (g): 212
Sortieranteil 70–85 mm (%): 56
Festigkeit (kg/cm²): 8,1
Stärkewert: 5,2
Zucker (% Brix): 14,8
Gesamtsäure (g/l): 9,7
Zucker-Säure-Verhältnis: 15,3 zu 1
Vitamin-C-Gehalt: mittel

Phänologische Daten:
Austrieb: mittelfrüh (23.03.)
Vollblüte: mittel (23.04.)
Ernte: M 9 (18.09.)

Fruchtbeschreibung: Mittelgroß bis groß, rund bis leicht walzenförmig, Kelchgrube weit und tief, mit deutlichen Höckern, Kelchblätter sehr lang und dünn, am Grund deutlich getrennt, behaart und fleischig, Kelch verschlossen, Stielgrube weit und tief, strahlenförmig berostet, Fruchtstiel lang und mitteldick, Fruchtfarbe grün bis grünlich gelb, Fruchtberostung streifig von der Stielgrube ausgehend, optisch wenig attraktiv, gelbes Fruchtfleisch, sehr knackig und sehr saftig, etwas säurebetont aber guter Geschmack, typischer Backapfel.

Krankheiten/Schaderreger: Schorfresistent (Vf), etwas anfällig für Mehltau und Kragenfäule.

Ertrag/Lagereignung: Ertragspotenzial mäßig, Alternanz möglich, langsamer Ertragsbeginn.

Produkta

Herkunft: HL 28/39 ('Antonowka', frei abgeblüht) × 'Golden Spur', Research and Breeding Institute of Pomology, Holovousy-Horice, Tschechien

Baum: Starker Wuchs, gut verzweigt, dickes Fruchtholz, kräftige Seitentriebe, waagerechte Astabgänge, Seitenäste nicht anschneiden.

Beurteilung: Sehr ertragreiche Sorte mit VA-Resistenz für den intensiven Mostobstanbau, benötigt allerdings Fruchtausdünnung zur Vermeidung von Alternanz.

Fruchtbeschreibung: Groß bis sehr groß, stumpfkegelförmig, stielbauchig, langachsig, Relief leicht eckig, Kelchgrube schüsselförmig, Kelchblätter kurz, breit, Kelch halboffen, Stielgrube mittelweit, mitteltief, leicht berostet, Stiel mittellang, dick, Grundfarbe hellgrün bis gelblich, nur auf Sonnenfrüchten leichte orangerote Deckfarbe, Schale glatt, leichter Wachsüberzug, Fruchtfleisch säurebetont, saftig, herb, druckempfindlich.

Krankheiten/Schaderreger: Schorftolerant (VA), bei starkem Befallsdruck leichter Schorfbefall, nur geringer Mehltaubefall, sehr gesunde kräftige Bäume.

Ertrag/Lagereignung: Sehr hohe Erträge, sofortiger Ertragsbeginn, jedoch starke Alternanz, Ausdünnung notwendig, im Kühlraum lagerfähig bis Februar.

Fruchteigenschaften:
Fruchtgewicht (g): 170
Sortieranteil 70–85 mm (%): 68
Festigkeit (kg/cm²): 6,4
Stärkewert: 6,9
Zucker (% Brix): 13,6
Gesamtsäure (g/l): 9
Zucker-Säure-Verhältnis: 15,1 zu 1
Vitamin-C-Gehalt: sehr gering

Phänologische Daten:
Austrieb: früh (17.03.)
Vollblüte: mittel (24.04.)
Ernte: E 9 (25.9.)

Rajka

Herkunft: 'Shampion' × 'Katka', Institute of Experimental Botany AS CR, v. v. i., Prag (Strizovice), Tschechien, Sortenschutz in Europa

Baum: Stark wachsend, sparrig mit dichten Verzweigungen und langem einjährigem Holz.

Beurteilung: Sorte für den Hausgarten, bei der allerdings auf die Fruchtausdünnung geachtet werden muss.

Fruchteigenschaften:
Fruchtgewicht (g): 120
Sortieranteil 70–85 mm (%): 49
Festigkeit (kg/cm²): 7,2
Stärkewert: 3
Zucker (% Brix): 13,2
Gesamtsäure (g/l): 8,4
Zucker-Säure-Verhältnis: 15,7 zu 1
Vitamin-C-Gehalt: gering

Phänologische Daten:
Austrieb: früh (16.03.)
Vollblüte: früh (22.04.)
Ernte: A–M 9 (11.09.)

Fruchtbeschreibung: Klein bis mittelgroß, Fruchtform kugelig, mittelbauchig, Querschnitt rund, Kelchgrube weit, Kelchblätter lang und schmal, Kelch offen, Stielgrube mitteltief und weit, Stiel mittellang, Grundfarbe grünlich gelb, Deckfarbe braunrot, Schale glatt und leicht fettig, Fruchtberostung strahlenförmig von Kelch- und Stielgrube ausgehend, Fruchtfleisch weiß, feinzellig mittleres Geschmacksniveau.

Krankheiten/Schaderreger: Schorfresistent (Vf), kaum anfällig für Mehltau, sehr vitales dunkelgrünes Laub.

Ertrag/Lagereignung: Sehr guter Ertrag, früher Ertragsbeginn, Tendenz zur Alternanz, im Kühllager bis Januar lagerfähig.

Reanda

Herkunft: 'Clivia' (= 'Oldenburg' × 'Cox Orange') × BX 44,14, Julius Kühn-Institut für Obstforschung, Dresden-Pillnitz, Sortenschutz in Deutschland

Baum: Mittelstark, tendenziell verkahlend, dünnes Fruchtholz, Anschnitt beim Baumaufbau empfehlenswert.

Beurteilung: Robuste und sehr ertragreiche Sorte für den (intensiven) Mostobstanbau, im Hausgarten für Liebhaber säurebetonter Apfelsorten.

Fruchtbeschreibung: Mittelgroß, kugelig bis hochgebaut, stumpfkegelförmig, Kelchgrube schüsselförmig weit, Kelchblätter breit und mittellang, Kelch halboffen, Stielgrube mäßig eng, tief, berostet, Stiel mittellang, Grundfarbe grünlich gelb bis blassgelb, rote leicht marmorierte Deckfarbe, Schale glatt, leicht bereift, Fruchtfleisch gelblich weiß, mittelsaftig, feine Textur, Geschmack sauer, Früchte druckempfindlich.

Krankheiten/Schaderreger: Schorfresistent (Vf), kaum Mehltau im Versuchszeitraum aufgetreten, sehr gesunde Bäume.

Ertrag/Lagereignung: Mittlere bis hohe Erträge, regelmäßig, selten Alternanz, rascher Ertragseintritt, im Kühllager nur bis Ende Januar lagerfähig.

Fruchteigenschaften:
Fruchtgewicht (g): 144
Sortieranteil 70–85 mm (%): 66
Festigkeit (kg/cm²): 7,3
Stärkewert: 3,5
Zucker (% Brix): 12,4
Gesamtsäure (g/l): 11
Zucker-Säure-Verhältnis: 11,3 zu 1
Vitamin-C-Gehalt: gering

Phänologische Daten:
Austrieb: mittelfrüh (22.03.)
Vollblüte: mittel (26.04.)
Ernte: A 9 (06.09.)

Rebella

Herkunft: 'Golden Delicious' × 'Remo', Julius Kühn-Institut für Obstforschung, Dresden-Pillnitz, Sortenschutz in Deutschland und Europa

Baum: Mittelstark, gut verzweigt, flache Astabgänge, von Natur aus spindelförmiger Baum, keine Formierungsarbeiten nötig, sehr einfache und gefällige Bäume.

Beurteilung: Aufgrund der hervorragenden Pflanzengesundheit und des unkomplizierten Wuchscharakters ideal für den Hausgarten, Streuobst- und intensiven Mostobstanbau.

Fruchteigenschaften:
Fruchtgewicht (g): 131
Sortieranteil 70–85 mm (%): 60
Festigkeit (kg/cm²): 7,4
Stärkewert: 5
Zucker (% Brix): 13,1
Gesamtsäure (g/l): 9,8
Zucker-Säure-Verhältnis: 13,4 zu 1
Vitamin-C-Gehalt: mittel

Phänologische Daten:
Austrieb: früh (21.03.)
Vollblüte: mittel (25.04.)
Ernte: E 8 (27.08.)

Fruchtbeschreibung: Mittelgroß, hochgebaut, stiel- bis mittelbauchig, Kelchgrube schüsselförmig mit leichten Höckern, Kelchblätter lang und schmal, Kelch halboffen, Stielgrube tief, mittelweit, Stiel kurz und holzig, Grundfarbe gelb bis blassgelb, Deckfarbe gestreift bis geflammt mittelrot, matt glänzend, Schale leicht wachsig, Fruchtfleisch hellgelb, saftig, knackig, grobe Textur, nicht ganz harmonisch im Geschmack.

Krankheiten/Schaderreger: Schorfresistent (Vf), Resistenzdurchbruch beobachtet, kaum Mehltau aufgetreten, laut Züchter resistent gegen Krebs und Frost, auffallend gesundes und vitales Blattwerk.

Ertrag/Lagereignung: Regelmäßig sehr hoher Ertrag, kaum Alternanz, früher Ertragsbeginn, Lagerung im Kühllager nur bis Dezember.

Recolor

Herkunft: 'Regine' (Vf) × 'Reglindis' (VA), Julius Kühn-Institut für Obstforschung, Dresden-Pillnitz, Sortenschutz in Deutschland und Europa

Baum: Mittelstarker bis starker Wuchs, ausladender Baumaufbau, lange Fruchtäste.

Beurteilung: Aufgrund der kombinierten Schorfresistenz eine interessante Sorte für den Hobbyanbau.

Fruchtbeschreibung: Klein, kugelig bis hochgebaut, Kelchgrube schüsselförmig, Kelch mäßig eingesenkt, Kelchblätter lang, breit, Kelch geschlossen, Stielgrube weit, mitteltief, teilweise berostet, Stiel kurz, fleischig, Grundfarbe hellgrün, Deckfarbe streifig, flächig, dunkelrot, Schale glatt, stark fettend, auf der Deckfarbe weißgelbe Lentizellen mit dunkelrotem Hof, kaum saftig, weichfleischig, geschmacklich mäßig, dicke zähe Schale.

Krankheiten/Schaderreger: Schorfresistent (Vf + VA), leichter Befall mit Mehltau, laut Züchter unempfindlich gegen Spinnmilben und Bakterienbrand.

Ertrag/Lagereignung: Ertragsniveau mittel, langsamer Ertragsbeginn, regelmäßiger Träger, im Kühllager lagerfähig bis Januar.

Fruchteigenschaften:
Fruchtgewicht (g): 114
Sortieranteil 70–85 mm (%): 32
Festigkeit (kg/cm²): 8,2
Stärkewert: 2
Zucker (% Brix): 14,5
Gesamtsäure (g/l): 9,6
Zucker-Säure-Verhältnis: 15,5 zu 1
Vitamin-C-Gehalt: sehr gering

Phänologische Daten:
Austrieb: mittelfrüh (24.03.)
Vollblüte: mittelfrüh (25.04.)
Ernte: E 8 (29.08.)

Reglindis

Herkunft: 'James Grieve' × BX 44,18, Julius Kühn-Institut für Obstforschung, Dresden-Pillnitz, Sortenschutz in Deutschland

Baum: Mittlerer bis starker Wuchs, gut verzweigt, lange einjährige Triebe, buschig, dichte Krone, breitpyramidal.

Beurteilung: Hausgartensorte, wenig lagerfähig, sofortiger Verzehr empfehlenswert, wertvolle VA-Resistenz.

Fruchteigenschaften:
Fruchtgewicht (g): 101
Sortieranteil 70–85 mm (%): 20
Festigkeit (kg/cm²): 7,1
Stärkewert: 7,7
Zucker (% Brix): 13,5
Gesamtsäure (g/l): 9
Zucker-Säure-Verhältnis: 15 zu 1
Vitamin-C-Gehalt: sehr gering

Phänologische Daten:
Austrieb: früh (16.03.)
Vollblüte: früh (22.04.)
Ernte: E 8 (26.8.)

Fruchtbeschreibung: Klein bis mittelgroß, mittel hochgebaut, stiel- bis mittelbauchig, Kelchgrube schüsselförmig mit leichten Höckern, Kelchblätter lang, schmal, Kelch geschlossen, Stielgrube mittelweit, tief, Stiel lang, Grundfarbe hellgelb, attraktiv geflammte bis gemaserte hellrot leuchtende Deckfarbe, gelbliches Fruchtfleisch, feinzellig, guter Geschmack frisch vom Baum, wird aber sehr schnell weich und schmeckt dann fad.

Krankheiten/Schaderreger: Schorfresistent (VA-Resistenz), kaum Mehltaubefall, sehr gesundes Laub, laut Züchter resistent gegenüber Spinnmilben.

Ertrag/Lagereignung: Mittleres Ertragsniveau, nur geringe Alternanz, rascher Ertragsbeginn, kaum lagerfähig.

Reka

Herkunft: 'James Grieve' × BX 44,9, Julius Kühn-Institut für Obstforschung, Dresden-Pillnitz

Baum: Mittelstark wachsend, gut verzweigt, langtriebig, später hängend.

Beurteilung: Aufgrund der Resistenz von *Malus pumila* eine interessante Sorte zur Erhaltung der Schorfresistenz generell, Eignung für Streuobst und Hausgarten, Mostapfel.

Fruchtbeschreibung: Kleinfrüchtig, kugelig, zum Kelch hin verjüngt, Kelchgrube schüsselförmig, innen rippig, Kelchblätter breit und mittellang, zusammengeneigt, Kelch halboffen, Stielgrube weit und mitteltief, Stiel mittellang und holzig, Grundfarbe hellgrün bis gelb, Deckfarbe streifig blass- bis orangerot, Schale glatt, leicht wachsig, in der Stielgrube leicht berostet, Fruchtfleisch weiß, hartfleischig, häufig glasig, saftig aber sauer.

Krankheiten/Schaderreger: Schorfresistent (Vr), wenig anfällig für Mehltau, sehr gesundes und vitales Laub, in manchen Jahren Sonnenbrand.

Ertrag/Lagereignung: Ertragsniveau mittel, früh einsetzende Erträge, regelmäßig, nur wenige Wochen lagerfähig.

Fruchteigenschaften:
Fruchtgewicht (g): 110
Sortieranteil 70–85 mm (%): 20
Festigkeit (kg/cm²): 7
Stärkewert: 7,4
Zucker (% Brix): 12,2
Gesamtsäure (g/l): 10,8
Zucker-Säure-Verhältnis: 11,3 zu 1
Vitamin-C-Gehalt: gering

Phänologische Daten:
Austrieb: mittelfrüh (19.03.)
Vollblüte: mittelfrüh (24.04.)
Ernte: E 8 (24.08.)

Rekarda

Herkunft: 'Golden Delicious' × 'Remo', Schwesterklon von 'Rebella', Julius Kühn-Institut für Obstforschung, Dresden-Pillnitz, Sortenschutz in Deutschland und Europa

Baum: Mittelstarker Wuchs, sehr gut verzweigt, guter Baumaufbau.

Beurteilung: Sehr ertragreiche Sorte für den intensiven Mostobstanbau, eventuell auch für Liebhaber säurebetonter Äpfel im Hausgarten.

Fruchteigenschaften:
Fruchtgewicht (g): 148
Sortieranteil 70–85 mm (%): 80
Festigkeit (kg/cm²): 5,9
Stärkewert: 7,8
Zucker (% Brix): 13,9
Gesamtsäure (g/l): 13,2
Zucker-Säure-Verhältnis: 10,6 zu 1
Vitamin-C-Gehalt: hoch

Phänologische Daten:
Austrieb: mittelspät (27.03.)
Vollblüte: mittelspät (27.04.)
Ernte: A 10 (01.10.)

Fruchtbeschreibung: Mittelgroß bis groß, hochgebaut, mittelbauchig, Kelchgrube schüsselförmig, Kelchblätter lang, schmal, Kelch halboffen, Stielgrube mitteltief, weit, Stiel lang, Grundfarbe grünlich gelb, Deckfarbe attraktiv leuchtend rot, streifig bis geflammt, Schale glatt, kaum berostet, Fruchtfleisch weiß, mittelsaftig, feinzellig, weich, Geschmack zu sauer, dicke festkauende Schale, Sorte nur für Säureliebhaber.

Krankheiten/Schaderreger: Schorfresistent (Vf), sehr gesundes sattgrünes Laub, kein Mehltaubefall, in manchen Jahren Glasigkeit aufgetreten.

Ertrag/Lagereignung: Sehr hohe Erträge, kaum Alternanz, rascher Ertragsbeginn, im Kühllager lagerfähig bis Januar.

Releika

Herkunft: 'Clivia' × BX 44,2, Julius Kühn-Institut für Obstforschung, Dresden-Pillnitz, Sortenschutz in Deutschland

Baum: Schwacher Wuchs, gut verzweigt, hängend, sehr gesund.

Beurteilung: Erfrischender attraktiver kleiner Sommerapfel für den Hausgarten.

Fruchtbeschreibung: Klein, kugelig, mittelbauchig, Kelchgrube schüsselförmig, Kelchblätter kurz bis mittellang, breit, Kelch geschlossen, Stielgrube mittelweit, flach, leicht berostet, Stiel lang, Grundfarbe gelblich, Deckfarbe hellrot bis rot, leicht gestreift, Schale glatt und kaum berostet, fettend, Kernkammern offen, Fruchtfleisch gelblich weiß, knackig, saftig, würzig, erfrischend, guter Geschmack.

Krankheiten/Schaderreger: Schorfresistent (Vf), leichter Befall mit Mehltau aufgetreten, ansonsten sehr gesunde Bäume.

Ertrag/Lagereignung: Sehr guter Ertrag, rascher Ertragsbeginn, keine Alternanz, im Kühllager bis Dezember lagerfähig.

Fruchteigenschaften:
Fruchtgewicht (g): 89
Sortieranteil 70–85 mm (%): 4
Festigkeit (kg/cm²): 7,5
Stärkewert: 7,8
Zucker (% Brix): 14,3
Gesamtsäure (g/l): 6,7
Zucker-Säure-Verhältnis: 21 zu 1
Vitamin-C-Gehalt: sehr gering

Phänologische Daten:
Austrieb: mittelfrüh (20.03.)
Vollblüte: mittelfrüh (23.04.)
Ernte: A 9 (02.09.)

Relinda

Herkunft: 'Undine' × BX 44,14, Julius Kühn-Institut für Obstforschung, Dresden-Pillnitz, Sortenschutz in Deutschland

Baum: Mittelstarker Wuchs, gut verzweigt, viele einjährige Triebe, dichte Bäume.

Beurteilung: Ertragreicher und robuster Mostapfel.

Fruchteigenschaften:
Fruchtgewicht (g): 149
Sortieranteil 70–85 mm (%): 80
Festigkeit (kg/cm²): 9,5
Stärkewert: 4,8
Zucker (% Brix): 13,1
Gesamtsäure (g/l): 12,9
Zucker-Säure-Verhältnis: 10,2 zu 1
Vitamin-C-Gehalt: mittel

Phänologische Daten:
Austrieb: mittelfrüh (18.03.)
Vollblüte: mittel (24.04.)
Ernte: M–E 9 (23.09.)

Fruchtbeschreibung: Mittel- bis groß, kugelig, mittelbauchig, Kelchgrube schüsselförmig, Kelchblätter mittellang, mittelbreit, Kelch halboffen, Stielgrube tief, mittelweit, berostet, Stiel mittellang, Grundfarbe attraktiv gelblich grün, Deckfarbe flächig und gemasert leuchtend dunkelrot, Schale glatt, leicht wachsig, mit Mehltauberostung, Fruchtfleisch leicht hellgelb, knackig, saftig, grobzellig, grobe Schale, geschmacklich sauer.

Krankheiten/Schaderreger: Schorfresistent (Vf), kaum Mehltau aufgetreten, sehr gesundes grün glänzendes Laub.

Ertrag/Lagereignung: Guter Ertrag, kaum Alternanz, rascher Ertragsbeginn, im Kühllager bis Januar haltbar.

Remo

Herkunft: 'James Grieve' × BX 44,14, Julius Kühn-Institut für Obstforschung, Dresden-Pillnitz, Sortenschutz in Deutschland

Baum: Schwach wachsend, dünnes, leicht hängendes Fruchtholz, gut verzweigt, sehr gesunde Bäume.

Beurteilung: Sehr ertragreiche Mostapfelsorte, Eignung für Streuobst oder Intensivmostobstanbau, die Früchte hängen auch nach der Reife noch fest am Baum, für einen landschaftsprägenden Streuobstbaum ist das Wachstum allerdings zu schwach.

Fruchtbeschreibung: Mittelgroß, hochgebaut, stiel- bis mittelbauchig, Kelchgrube schüsselförmig, Kelchsitz wenig eingesenkt, Kelchblätter mittelbreit, kurz, Kelch halboffen, Stielgrube tief, mittelweit, Stiel mittellang, Grundfarbe gelb, Deckfarbe streifig bis gesprenkelt mittelrot, Schale beduftet, dünn, fest, Lentizellen hellgelb, behöft auf roter Deckfarbe, Fleisch weiß, mittelsaftig, zu weich, sauer.

Krankheiten/Schaderreger: Schorfresistent (Vf), kaum Befall mit Mehltau oder Läusen aufgetreten.

Ertrag/Lagereignung: Sehr hoher Ertrag, rascher Ertragsbeginn, kaum Alternanz, nicht lagerfähig, hält im Kühlraum nur bis November.

Fruchteigenschaften:
Fruchtgewicht (g): 138
Sortieranteil 70–85 mm (%): 63
Festigkeit (kg/cm^2): 6,5
Stärkewert: 5,7
Zucker (% Brix): 13,1
Gesamtsäure (g/l): 12,5
Zucker-Säure-Verhältnis: 10,5 zu 1
Vitamin-C-Gehalt: gering

Phänologische Daten:
Austrieb: mittelspät (22.03.)
Vollblüte: mittelspät (26.04.)
Ernte: A 9 (09.09.)

Renora

Herkunft: 'Clivia' × BX 44,2, Julius Kühn-Institut für Obstforschung, Dresden-Pillnitz, Sortenschutz in Europa

Baum: Mittelstarker Wuchs, mäßig verzweigt, wenige aber starke Neutriebe, breitwüchsig.

Beurteilung: Ertragreicher Mostapfel für den Streuobstanbau.

Fruchteigenschaften:
Fruchtgewicht (g): 151
Sortieranteil 70–85 mm (%): 82
Festigkeit (kg/cm²): 10,2
Stärkewert: 4,5
Zucker (% Brix): 13
Gesamtsäure (g/l): 10,3
Zucker-Säure-Verhältnis: 12,6 zu 1
Vitamin-C-Gehalt: sehr gering

Phänologische Daten:
Austrieb: mittelspät (21.03.)
Vollblüte: mittel (25.04.)
Ernte: A 10 (03.10.)

Fruchtbeschreibung: Mittelgroß, mittel langachsig, hochgebaut, leicht mittelbauchig, Kelchgrube schüsselförmig, Kelchblätter breit, mittellang, Kelch halboffen, Stielgrube tief, mittelweit, streifig berostet, Stiel mittellang bis lang, Grundfarbe grünlich gelb, Deckfarbe flächig bis gemasert leuchtend mittelrot, Schale bereift, Lentizellen kaum sichtbar, Fruchtfleisch grünlich weiß, mittelsaftig, Geschmack sauer, wenig Aroma.

Krankheiten/Schaderreger: Schorfresistent (Vf), kaum Mehltau aufgetreten, Blätter rollen sich bei Hitze.

Ertrag/Lagereignung: Absoluter Ertrag mittel, relativer Ertrag hoch, sehr regelmäßiger Träger, später Ertragsbeginn, im Kühllager bis April lagerfähig.

Resi

Herkunft: 'Clivia' (= 'Oldenburg' × 'Cox Orange') × BX 44,14, Julius Kühn-Institut für Obstforschung, Dresden-Pillnitz, Sortenschutz in Deutschland und Europa

Baum: Schwacher bis mittelstarker Wuchs, verkahlend, mäßig verzweigt, hängendes Fruchtholz, schlechter Baumaufbau, lange Reitertriebe auf den Seitenästen.

Beurteilung: Kleinfrüchtige Hausgartensorte, Ausdünnung empfehlenswert.

Fruchtbeschreibung: Kleinfrüchtig, kugelig, teils hochgebaut, mittelbauchig, Querschnitt rund, Kernkammern offen, Kelchgrube flach, eng, Kelchblätter mittellang, mittelbreit, Kelch geschlossen, Stielgrube eng und mitteltief, streifig berostet, Stiel lang, Grundfarbe grüngelb bis gelb, Deckfarbe gestreift bis gemasert purpurrot, Schale glatt, etwas bereift, Fruchtfleisch gelblich, fest, feinzellig, saftig, süß-säuerlich vereinzelt Glasigkeit aufgetreten.

Krankheiten/Schaderreger: Schorfresistent (Vf), anfällig gegenüber Resistenzdurchbruch seit 2002, leichter Mehltaubefall.

Ertrag/Lagereignung: Mittleres Ertragsniveau, unregelmäßiger Träger, starke Alternanz, rascher Ertragsbeginn, im Kühllager bis Februar haltbar.

Fruchteigenschaften:
Fruchtgewicht (g): 89
Sortieranteil 70–85 mm (%): 7
Festigkeit (kg/cm^2): 7,6
Stärkewert: 6,8
Zucker (% Brix): 12,9
Gesamtsäure (g/l): 7,8
Zucker-Säure-Verhältnis: 16,5 zu 1
Vitamin-C-Gehalt: sehr gering

Phänologische Daten:
Austrieb: mittel (19.03.)
Vollblüte: mittelspät (25.04.)
Ernte: A 9 (01.09.)

Resista

Herkunft: 'Prima' × NJ 56, Research and Breeding Institute of Pomology, Holovousy-Horice, Tschechien

Baum: Sehr starker Wuchs, einjährige Triebe teils über 1 m lang, steiler Astabgang, lange verkahlende Fruchtäste, trägt Früchte gern im Büschel.

Beurteilung: Hausgarten- und Streuobstsorte mit guten geschmacklichen Eigenschaften, aber schlechtem Wuchscharakter.

Fruchteigenschaften:
Fruchtgewicht (g): 139
Sortieranteil 70–85 mm (%): 53
Festigkeit (kg/cm^2): 7,9
Stärkewert: 6
Zucker (% Brix): 14,2
Gesamtsäure (g/l): 7,3
Zucker-Säure-Verhältnis: 19,5 zu 1
Vitamin-C-Gehalt: mittel

Phänologische Daten:
Austrieb: mittel (19.03.)
Vollblüte: mittelspät (25.04.)
Ernte: A 10 (03.10.)

Fruchtbeschreibung: Mittelgroß, stumpfkegelförmig, stielbauchig, hochgebaut, Kernkammern offen, Kelchgrube tief und leicht rippig, Kelchblätter fleischig, kurz, schmal, Kelch weit offen, Stielgrube flach, Stiel kurz, fleischig, Grundfarbe gelblich grün, Deckfarbe orange rot, Schale glatt, leicht wachsig, Fruchtfleisch knackig, gute Textur, saftig, sehr guter sortenspezifischer Geschmack in Richtung der alten Streuobstsorte 'Goldparmäne'.

Krankheiten/Schaderreger: Schorfresistent (Vf), kaum anfällig für Mehltau, sehr gesundes Blattwerk.

Ertrag/Lagereignung: Mittleres Ertragsniveau, rascher Ertragsbeginn, starke Alternanz, Ausdünnung dringend angeraten, im Kühllager bis März lagerfähig.

Retina

Herkunft: 'Apollo' × BX 44,2, Julius Kühn-Institut für Obstforschung, Dresden-Pillnitz, Sortenschutz in Deutschland

Baum: Stark wachsend, breitpyramidal, großkronig, regelmäßig verzweigt.

Beurteilung: Optisch sehr schöne und robuste Frühsorte für den Hausgarten, muss bei noch grüner Grundfarbe geerntet und verbraucht werden, da sie sonst schnell fad wird.

Fruchtbeschreibung: Mittelgroß, stumpfkegelförmig, hochgebaut, stiel- bis mittelbauchig, Kelchgrube schüsselförmig, Kelchblätter breit, lang, Kelch halboffen, Stielgrube weit, mitteltief, strahlenförmig berostet, Stiel mittellang, Grundfarbe gelblich grün, Deckfarbe dunkelrot, streifig und gesprenkelt, matt glänzend, Schale glatt, leicht wachsig, dick, Fruchtfleisch weißlich gelb, schnell oxidierend, mittelsaftig, wird bereits nach kurzer Lagerung weich und fade.

Krankheiten/Schaderreger: Schorfresistent (Vf), kaum Mehltaubefall in allen Jahren, sehr gesundes dunkelgrünes Laub, scheint etwas anfällig für Läuse.

Ertrag/Lagereignung: Für eine Frühsorte hohe Erträge, etwas alternierend, die Früchte sind nicht lagerfähig.

Fruchteigenschaften:
Fruchtgewicht (g): 135
Sortieranteil 70–85 mm (%): 62
Festigkeit (kg/cm²): 7,4
Stärkewert: 6,6
Zucker (% Brix): 12,7
Gesamtsäure (g/l): 7
Zucker-Säure-Verhältnis: 18 zu 1
Vitamin-C-Gehalt: sehr gering

Phänologische Daten:
Austrieb: mittelfrüh (21.03.)
Vollblüte: mittel (25.04.)
Ernte: M 8 (16.08.)

Rewena

Herkunft: ('Cox Orange' × 'Oldenburg') × BX 44,14, Julius Kühn-Institut für Obstforschung, Dresden-Pillnitz, Sortenschutz in Deutschland

Baum: Mittelstark, gut und regelmäßig verzweigt, sehr schöne Bäume.

Beurteilung: Gute Sorte für den intensiven Mostobstanbau, robuste Sorte mit gutem Ertrag für den Hausgarten und die Safterzeugung.

Fruchteigenschaften:
Fruchtgewicht (g): 145
Sortieranteil 70–85 mm (%): 67
Festigkeit (kg/cm²): 7,5
Stärkewert: 3,5
Zucker (% Brix): 12,2
Gesamtsäure (g/l): 11,1
Zucker-Säure-Verhältnis: 11 zu 1
Vitamin-C-Gehalt: mittel

Phänologische Daten:
Austrieb: mittelfrüh (20.03.)
Vollblüte: spät (28.04.)
Ernte: M 9 (18.09.)

Fruchtbeschreibung: Mittelgroß, hochgebaut, mittelbauchig, langachsig, zum Kelch spitzer, leicht eckiger Querschnitt, Kelchgrube schmal schüsselförmig, leicht gerippt, Kelchblätter mittellang und mittelbreit, Kelch halboffen, Stielgrube tief und mittelweit, Stiel mittellang, Grundfarbe grünlich gelb, Deckfarbe flächig, gesprenkelt, mittel- bis dunkelrot, matt glänzend, Fruchtfleisch weiß, mittelsaftig, grobzellig, sauer.

Krankheiten/Schaderreger: Schorfresistent (Vf), kein Mehltau aufgetreten, robust gegenüber Feuerbrand, sehr vitales, dunkelgrün glänzendes Laub.

Ertrag/Lagereignung: Ertrag sehr hoch, kaum Alternanz, früher Ertragsbeginn, im Kühllager bis April haltbar.

Rosana

Herkunft: 'Jolana' × 'Lord Lambourne', Institute of Experimental Botany AS CR, v. v. i., Prag (Strizovice), Tschechien

Baum: Schwacher bis sehr schwacher Wuchs, gut verzweigt, sehr ruhige Bäume, erfordert stärkere Unterlagen.

Beurteilung: Ertragreiche Sorte für den Hausgarten und den Bioanbau.

Fruchtbeschreibung: Mittel- bis großfrüchtig, kugelig, mittelbauchig, kurzachsig, Querschnitt rund, Kernkammern offen, Kelchblätter lang, mittelbreit, Kelch halboffen, Stielgrube weit und mitteltief, Stiel kurz, Grundfarbe gelblich grün, Deckfarbe gestreift dunkelrot, Schale glatt, leicht wachsig, hellgraue Lentizellen auf roter Deckfarbe, Fruchtfleisch weiß, sehr saftig, gute Textur, Schale grob beim Verzehr, Geschmack säuerlich.

Krankheiten/Schaderreger: Schorfresistent (Vf), kaum Befall mit Mehltau aufgetreten, sehr gesundes Blattwerk.

Ertrag/Lagereignung: Sehr hoher Ertrag, rascher Ertragsbeginn, keine Alternanz, regelmäßig Massenerträge, im Kühllager bis März lagerfähig.

Fruchteigenschaften:
Fruchtgewicht (g): 154
Sortieranteil 70–85 mm (%): 70
Festigkeit (kg/cm²): 7,4
Stärkewert: 3
Zucker (% Brix): 11,8
Gesamtsäure (g/l): 11,1
Zucker-Säure-Verhältnis: 10,6 zu 1
Vitamin-C-Gehalt: mittel

Phänologische Daten:
Austrieb: früh (18.03.)
Vollblüte: mittelfrüh (24.04.)
Ernte: A 9 (08.09.)

Rozela

Herkunft: 'Vanda' × 'Rubin', Institute of Experimental Botany AS CR, v. v. i., Prag (Strizovice), Tschechien, Sortenschutz in Europa

Baum: Mittelstarker Wuchs, sehr gut verzweigt, gefällige und gesunde Bäume.

Beurteilung: Interessante Sorte mit eigenständiger Optik und hohem Wiedererkennungswert.

Fruchteigenschaften:
Fruchtgewicht (g): 195
Sortieranteil 70–85 mm (%): 65
Festigkeit (kg/cm²): 6
Stärkewert: 7
Zucker (% Brix): 13
Gesamtsäure (g/l): 5,3
Zucker-Säure-Verhältnis: 25 zu 1
Vitamin-C-Gehalt: gering

Phänologische Daten:
Austrieb: mittelfrüh (25.03.)
Vollblüte: mittelfrüh (24.04.)
Ernte: M 9 (18.09.)

Fruchtbeschreibung: Mittelgroß bis groß, rund bis plattrund, ganz typisch gefältelte Kelchgrube, sehr weit, Kelchblätter mittellang und mittelbreit, Kelch verschlossen, Stielgrube mittelweit und mitteltief, strahlenförmig berostet, Stiel mittellang und dünn, Grundfarbe gelbgrün bis leuchtend gelb, Deckfarbe leuchtend rot mit auffallend punktierten Lentizellen, Schale leicht wachsig, Fruchtfleisch gelblich, feinzellig, sehr knackig, saftig, süß.

Krankheiten/Schaderreger: Schorfresistent (Vf), robust gegenüber Mehltau, sehr gesundes und vitales Laub.

Ertrag/Lagereignung: Mittleres Ertragsniveau, langsamer Ertragsbeginn, im Kühllager bis Dezember lagerfähig, wird schnell weich.

Rubinola

Herkunft: 'Prima' × 'Rubin', Institute of Experimental Botany AS CR, v. v. i., Prag (Strizovice), Tschechien, Sortenschutz in Deutschland und Europa

Baum: Sehr starker Wuchs, breitpyramidal, gut verzweigt, starke Seitenäste, will auf langes Fruchtholz erzogen werden, auf Sämlingsunterlagen landschaftsprägender Baum.

Beurteilung: Hervorragende Sorte für den Hausgarten, Streuobstanbau und den Bio-Erwerbsanbau, sehr guter Vitamin-C-Träger, je nach Verwendungszweck geeignete Unterlage wählen.

Fruchtbeschreibung: Mittelgroß bis groß, einheitliche Fruchtgröße, abgeplattet kugelförmig, breitrund, Kelchblätter lang, breit, Kelch halboffen, Stielgrube mitteltief, weit, rissig oder strahlenförmig berostet, Stiel lang, dünn, Grundfarbe grünlich gelb bis gelborange, Deckfarbe streifig verwaschen leuchtend rot, Schale leicht wachsig, Fruchtfleisch gelb, fest, feinzellig, sehr saftig, würzig, süßsäuerlich, sehr guter Geschmack.

Krankheiten/Schaderreger: Schorfresistent (Vf), so gut wie kein Mehltau aufgetreten, insgesamt sehr robuste und gesunde Sorte.

Ertrag/Lagereignung: Mittleres bis niedriges Ertragsniveau, regelmäßiger Träger (selbstausdünnende Sorte), langsamer Ertragsbeginn, lagerfähig bis Februar.

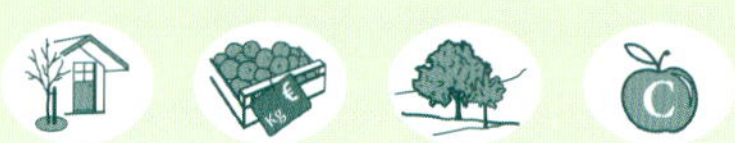

Fruchteigenschaften:
Fruchtgewicht (g): 154
Sortieranteil 70–85 mm (%): 79
Festigkeit (kg/cm²): 8,6
Stärkewert: 4,1
Zucker (% Brix): 13,2
Gesamtsäure (g/l): 6,6
Zucker-Säure-Verhältnis: 20 zu 1
Vitamin-C-Gehalt: sehr hoch

Phänologische Daten:
Austrieb: mittelfrüh (20.03.)
Vollblüte: mittelfrüh (24.04.)
Ernte: E 8 (25.08.)

Santana

Herkunft: 'Elstar' × 'Priscilla', CPRO-DLO, Wageningen, Niederlande, Sortenschutz in Europa

Baum: Starker bis sehr starker Wuchs, wenig verzweigt, steiler Astabgang, Formierung notwendig, breitwüchsig, leicht verkahlend.

Beurteilung: Sehr interessante Herbstsorte für den Hausgarten und den ökologischen Erwerbsanbau. Hervorragender Geschmack, regelmäßiger Ertrag und gute Pflanzengesundheit. Diese Sorte ist aufgrund klinischer Tests auch für Apfel-Allergiker geeignet.

Fruchteigenschaften:
Fruchtgewicht (g): 185
Sortieranteil 70–85 mm (%): 65
Festigkeit (kg/cm²): 7,1
Stärkewert: 4,3
Zucker (% Brix): 13,4
Gesamtsäure (g/l): 10,9
Zucker-Säure-Verhältnis: 12,3 zu 1
Vitamin-C-Gehalt: sehr gering

Phänologische Daten:
Austrieb: mittel (25.03.)
Vollblüte: mittel (26.04.)
Ernte: E 8–A 9 (02.09.)

Fruchtbeschreibung: Mittel- bis groß, kugelig, tendenziell hochgebaut, Kelchblätter lang und breit, Kelch halboffen, Stielgrube mittelweit und tief, Stiel mittellang, Grundfarbe grünlich gelb, Deckfarbe flächig, z. T. leicht streifig karminrot, Schale glatt, leicht fettig, zahlreiche beigefarbene Lentizellen, Fruchtfleisch gelblich, fest, knackig, feinzellig, ähnliche Textur und guter Geschmack wie die Muttersorte 'Elstar'.

Krankheiten/Schaderreger: Schorfresistent (Vf), etwas anfällig für Mehltau, Früchte anfällig für Mehltauberostung, sehr robust gegenüber Trockenheit und Hitzestress.

Ertrag/Lagereignung: Mittleres bis geringes Ertragsniveau, langsamer Ertragsbeginn, sehr regelmäßiger Träger, Lagerfähigkeit ähnlich wie 'Elstar' im Kühllager bis Januar.

Saturn

Herkunft: TSR 15 T 3 × 'Stark Spur Golden Delicious', Horticulture Research International, Warwick, England

Baum: Schwacher bis mittelstarker Wuchs, gut verzweigt, sehr ruhige Bäume, wenig Schnittaufwand.

Beurteilung: Schöne Bäume mit gutem Ertrag, Fruchtausdünnung empfehlenswert, aufgrund der geringen Gehalte an Zucker und Säure erscheint die Sorte für Diabetiker geeignet.

Fruchtbeschreibung: Mittelgroß bis klein, hochgebaut, mittel- bis stielbauchig, Relief rund, Kernkammern geschlossen, Kelchgrube klein, schüsselförmig, Kelchblätter mittellang, mittelbreit, Kelch halboffen, Stielgrube weit und mitteltief, Stiel lang, Grundfarbe grünlich gelb bis gelblich grün, Deckfarbe flächig, leuchtendes Mittelrot, Schale glatt, wachsig, mit Mehltauberostung, Fruchtfleisch gelblich weiß, saftig, süßlich, parfümiert.

Krankheiten/Schaderreger: Schorfresistent (Vf), kaum Mehltaubefall aufgetreten, Mineralstoffmangel-Erscheinungen an den Blättern (Mg-Mangel).

Ertrag/Lagereignung: Mittleres Ertragsniveau, starke Alternanz, früher Ertragseintritt, im Kühllager bis Dezember lagerfähig.

Fruchteigenschaften:
Fruchtgewicht (g): 131
Sortieranteil 70–85 mm (%): 55
Festigkeit (kg/cm²): 7,6
Stärkewert: 5
Zucker (% Brix): 12,6
Gesamtsäure (g/l): 4,7
Zucker-Säure-Verhältnis: 27 zu 1
Vitamin-C-Gehalt: sehr gering

Phänologische Daten:
Austrieb: mittel (21.03.)
Vollblüte: spät (28.04.)
Ernte: M 9 (14.09.)

Shalimar

Herkunft: 'Topaz' × 'Golden Delicious', Institute of Experimental Botany AS CR, v. v. i., Prag (Strizovice), Tschechien, Sortenschutz in Europa

Baum: Mitttelstarker Wuchs, gut verzweigt, sehr schöne und gleichmäßige Bäume.

Beurteilung: Diese Sorte ähnelt in ihrem Aussehen sehr stark der Handelssorte 'Braeburn'. Auch die Fruchtfleischfestigkeit und der Ertrag sind vergleichbar zu dieser Hauptsorte. Geschmacklich ist sie dagegen deutlich säurebetonter.

Fruchteigenschaften:
Fruchtgewicht (g): 146
Sortieranteil 70–85 mm (%): 58
Festigkeit (kg/cm²): 11,5
Stärkewert: 5,7
Zucker (% Brix): 13,3
Gesamtsäure (g/l): 11,5
Zucker-Säure-Verhältnis: 11,6 zu 1
Vitamin-C-Gehalt: mittel

Phänologische Daten:
Austrieb: mittel (29.03.)
Vollblüte: mittel (26.04.)
Ernte: M 10 (17.10.)

Fruchtbeschreibung: Mittelgroß, hochgebaut, Kelchgrube mittelweit, mitteltief, leicht rippig, Kelchblätter mittellang und schmal, Kelch verschlossen, Kelchröhre reicht fast bis ins Kernhaus, Stielgrube mittelweit, strahlenförmig berostet, Grundfarbe gelblich grün, intensiv rote bis dunkelrote streifige Deckfarbe mit grauen Lentizelle, glattschalig, leicht bewachste Oberfläche, gelbes Fruchtfleisch, sehr festfleischig, mittelsaftig, geschmacklich säurebetont.

Krankheiten/Schaderreger: Schorfresistent (Vf), kein Mehltau, sehr gesundes und vitales Laub, in trockenen Jahren anfällig für Mineralstoffmangel (Chlorose).

Ertrag/Lagereignung: Sehr hohe Erträge, leicht alternierend, gut lagerfähig, im Kühllager mindestens bis Februar.

Sirius

Herkunft: 'Golden Delicious' × 'Topaz', Institute of Experimental Botany AS CR, v. v. i., Prag (Strizovice), Tschechien, Sortenschutz in Europa

Baum: Mittelstarker bis starker Wuchs, sehr gut verzweigt, Baumkrone ähnlich der Sorte 'Jonagold', sogar die Blätter sind im Aussehen ähnlich.

Beurteilung: Triploide Sorte mit hervorragenden Eigenschaften für den Erwerbs- und Hobbyanbau, aufgrund des hohen Zuckergehalts auch sehr gut für Saft, als Verarbeitungsware und die Brennerei geeignet.

Fruchtbeschreibung: Mittel- bis groß, kugelig, mittelbauchig, Kelchgrube schüsselförmig, weit, tief, Kelchblätter lang, mittelbreit, Kelch verschlossen, Stielgrube mitteltief, mittelweit, fast immer strahlenförmig berostet, Stiel lang und dünn, Grundfarbe grünlich gelb bis gelb, Gelbton intensiver als bei 'Golden Delicious', glattschalig, gelbes Fruchtfleisch, sehr saftig, knackig, spritzig, crisp, leichter Ananas-Ton, Top-Geschmack.

Krankheiten/Schaderreger: Schorfresistent (Vf), geringer Mehltaubefall aufgetreten, anfällig für Regenflecken-Krankheit.

Ertrag/Lagereignung: Hohes Ertragsvermögen, rascher Ertragsbeginn, wenig Handausdünnung notwendig, im Kühllager bis März lagerfähig.

Fruchteigenschaften:
Fruchtgewicht (g): 184
Sortieranteil 70–85 mm (%): 82
Festigkeit (kg/cm^2): 7,9
Stärkewert: 7,3
Zucker (% Brix): 14,9
Gesamtsäure (g/l): 8,8
Zucker-Säure-Verhältnis: 16,9 zu 1
Vitamin-C-Gehalt: mittel

Phänologische Daten:
Austrieb: mittelfrüh (27.03.)
Vollblüte: mittel (25.04.)
Ernte: E 9 (26.09.)

Solaris

Herkunft: 'Topaz' × UEB 2345/1, Institute of Experimental Botany AS CR, v. v. i., Prag (Strizovice), Tschechien, Sortenschutz in Europa

Baum: Schwach wachsend, schlecht verzweigt, dicke und lange Fruchtäste, verkahlend, unbefriedigender Wuchs.

Beurteilung: Spätsorte mit guten Geschmacks- und Lagereigenschaften für den Hausgarten.

Fruchteigenschaften:
Fruchtgewicht (g): 171
Sortieranteil 70–85 mm (%): 83
Festigkeit (kg/cm²): 9,1
Stärkewert: 7,6
Zucker (% Brix): 14,3
Gesamtsäure (g/l): 8,7
Zucker-Säure-Verhältnis: 16,4 zu 1
Vitamin-C-Gehalt: hoch

Phänologische Daten:
Austrieb: mittelfrüh (25.03.)
Vollblüte: mittel (22.04.)
Ernte: M 10 (8.10.)

Fruchtbeschreibung: Mittelgroß, tendenziell hochgebaut, walzenförmig, Kelchgrube ausgeprägt weit, plateauförmig, Kelchblätter mittellang, zusammengeneigt, Kelch verschlossen, Stielgrube flach, wenig tief, strahlenförmig berostet, Stiel eingesteckt, relativ kurz, ganze Frucht gelb (stumpfes Gelb), festes gelbes Fleisch, saftig, zitronig säuerlich, wirklich guter Geschmack.

Krankheiten/Schaderreger: Schorfresistent (Vf), vitales intensiv grünes Laub, teilweise aber mit starken Abwehrreaktionen und Chlorose.

Ertrag/Lagereignung: Mittelmäßiger Ertrag, dafür aber regelmäßig, sehr gut lagerfähig, im Kühllager bis in den April hinein.

Summerbreak

Herkunft: ‘Nela’ × ‘Delbarestivale’, Staatliche Lehr- und Versuchsanstalt für Wein- und Obstbau Weinsberg, Baden-Württemberg, Sortenschutz in Deutschland

Baum: Mittelstark bis stark wachsend, gut verzweigt, waagerechte Astabgänge, lange Seitentriebe, sehr schöne und gesunde Bäume.

Beurteilung: Frühsorte mit säurebetontem, aber gutem Geschmack für die Direktvermarktung, den biologischen Obstanbau oder den Hausgarten.

Fruchtbeschreibung: Mittelgroß, rund bis leicht hoch gebaut, Kelchgrube mitteltief, mittelweit, Kelchblätter lang und schmal, Kelch verschlossen, Stielgrube weit und tief, langer dünner Stiel, Grundfarbe grünlich gelb, leuchtend rote streifige Deckfarbe, Fruchtoberfläche glatt, kaum berostet, sehr schöne Optik, Fruchtfleisch gelb, fest, knackig und saftig mit erfrischender Säure.

Krankheiten/Schaderreger: Schorfresistent (Vf), gelegentlich Mehltau aufgetreten, insgesamt sehr robuste und gesunde Sorte, vitales grünes Blattwerk.

Ertrag/Lagereignung: Für eine Frühsorte hohes Ertragsniveau, regelmäßig, rascher Ertragsbeginn, gute Verträglichkeit gegen Blütenfrost, für eine Frühsorte gut lagerfähig.

Fruchteigenschaften:
Fruchtgewicht (g): 132
Sortieranteil 70–85 mm (%): 60
Festigkeit (kg/cm²): 7,4
Stärkewert: 4,4
Zucker (% Brix): 12,5
Gesamtsäure (g/l): 11,7
Zucker-Säure-Verhältnis: 10,7 zu 1
Vitamin-C-Gehalt: mittel bis hoch

Phänologische Daten:
Austrieb: früh (16.03.)
Vollblüte: früh (19.04.)
Ernte: A 8 (08.08.)

Summercrisp

Herkunft: ('Nela' × 'Rebekka') × 'Delbarestivale', Staatliche Lehr- und Versuchsanstalt für Wein- und Obstbau Weinsberg, Baden-Württemberg, Sortenschutz in Deutschland

Baum: Sehr schöner Baumhabitus, mittelstarker Wuchs, gut verzweigt, waagerechte Astabgänge, jährlich gute Neutriebbildung.

Beurteilung: Hervorragende Frühsorte für die Direktvermarktung, den biologischen Obstanbau oder den Hausgarten, die erste Frühsorte im Jahr mit wirklich gutem Geschmack.

Fruchteigenschaften:
Fruchtgewicht (g): 120
Sortieranteil 70–85 mm (%): 30
Festigkeit (kg/cm^2): 8,1
Stärkewert: 5,5
Zucker (% Brix): 12,7
Gesamtsäure (g/l): 7,9
Zucker-Säure-Verhältnis: 16,1 zu 1
Vitamin-C-Gehalt: sehr hoch

Phänologische Daten:
Austrieb: früh (25.03.)
Vollblüte: mittelfrüh (20.04.)
Ernte: E 7 (27.07.)

Fruchtbeschreibung: Früchte klein bis mittelgroß, rund, attraktiv rotgelb gestreift, Kelchgrube mittelweit und tief, Stielgrube mittelweit und tief, lange und dünne Fruchtstiele, kaum berostet, keine Fruchtrisse, Fruchtfleisch gelb, fest, knackig und saftig, aufgrund des hohen Vitamin-C-Gehaltes oxidiert das Fruchtfleisch nicht, herausragender Geschmack im frühen Reifesegment!

Krankheiten/Schaderreger: Doppelte Schorfresistenz (Va und Minorgene von Vf), wenig anfällig für Mehltau, sehr robuste und gesunde Sorte, vitales grünes Blattwerk.

Ertrag/Lagereignung: Mittleres Ertragsniveau, regelmäßiger Träger, rascher Ertragsbeginn, kaum Alternanz, Fruchtausdünnung für bessere Fruchtgröße empfehlenswert, für eine so frühe Sorte gute Haltbarkeit.

Topaz

Herkunft: 'Rubin' × 'Vanda', Institute of Experimental Botany AS CR, v. v. i., Prag (Strizovice), Tschechien, Sortenschutz in Europa

Baum: Anfangs mittelstarker Wuchs mit sortentypischen kurzen Internodien, später schwächer, breit aufrecht, gut verzweigt, flacher Astabgang, büschelartig verzweigte Triebenden.

Beurteilung: In allen Leistungsmerkmalen sehr gute Sorte, die verdientermaßen die am meisten angebaute schorfresistente Apfelsorte im Erwerbsanbau ist, guter Kuchenapfel.

Fruchtbeschreibung: Mittelgroß, kugelig, Kelchgrube schüsselförmig, Kelch mäßig eingesenkt, Kelchblätter lang, schmal, Stielgrube mitteltief, strahlenförmig berostet, Stiel mittellang, Grundfarbe grünlich gelb, vollreif leuchtend gelb, Deckfarbe streifig bis flächig, leuchtend orangerot, verwaschen, Schale fettend, gelbes Fruchtfleisch, saftig, angenehm säuerlich, sehr guter Geschmack.

Krankheiten/Schaderreger: Schorfresistent (Vf), etwas Mehltau, anfällig für die Mehlige Apfellaus, Feuerbrand und Krebs aufgetreten, sehr anfällig gegenüber Kragenfäule, daher Zwischenveredlungen verwenden.

Ertrag/Lagereignung: Sehr hohes Ertragsvermögen, rascher Ertragsbeginn, kaum Alternanz, wird im Lager zwar weich, trotzdem gut haltbar.

Fruchteigenschaften:
Fruchtgewicht (g): 150
Sortieranteil 70–85 mm (%): 84
Festigkeit (kg/cm²): 7,6
Stärkewert: 5,9
Zucker (% Brix): 13,7
Gesamtsäure (g/l): 10,5
Zucker-Säure-Verhältnis: 13 zu 1
Vitamin-C-Gehalt: hoch

Phänologische Daten:
Austrieb: mittelfrüh (21.03.)
Vollblüte: mittelfrüh (23.04.)
Ernte: E 9 (26.09.)

Goldlane

Herkunft: ('Topaz' × 'Bolero') × 'Bohemia', Institute of Experimental Botany AS CR, v. v. i., Prag (Strizovice), Tschechien

Baum: Mittelstark, buschig, macht viele Seitenverzweigungen, die ihrerseits säulenförmig wachsen und ähnelt dadurch im Habitus einer Säuleneiche.

Beurteilung: Sorte mit hervorragender Pflanzengesundheit und gutem Geschmack, die unter den Säulenapfelsorten am besten lagerfähig ist.

Fruchteigenschaften:
Fruchtgewicht (g): 260
Sortieranteil 70–85 mm (%): 14
Festigkeit (kg/cm²): 6,7
Stärkewert: 4,2
Zucker (% Brix): 12,8
Gesamtsäure (g/l): 7,8
Zucker-Säure-Verhältnis: 16,4 zu 1
Vitamin-C-Gehalt: gering

Phänologische Daten:
Austrieb: spät (29.03.)
Vollblüte: früh 22.04.)
Ernte: A 10 (07.10.)

Fruchtbeschreibung: Sehr großfrüchtig, plattrund, längsoval, Kelchgrube mittelweit, mäßig tief, Kelchblätter kurz und mittelbreit, Kelch offen, Stielgrube weit und regelmäßig berostet, sehr kurzer Fruchtstiel, sodass sich die Früchte gegenseitig abdrücken können, Grundfarbe hellgrün bis trübgrün, gelbliches Fruchtfleisch geschmacklich saftig, spritzig, knackig, guter Geschmack.

Krankheiten/Schaderreger: Schorfresistent (Vf), außerordentlich gesunde Bäume, intensiv grünes und vitales Blattwerk.

Ertrag/Lagereignung: Guter und regelmäßiger Ertrag, trägt die Früchte aber in Büscheln und ist schwierig von Hand auszudünnen, da die Stiele zu kurz sind, für eine Säulenapfelsorte hervorragend lagerfähig, im Kühllager bis in den März hinein.

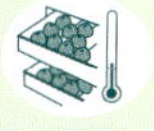

Jucunda

Herkunft: Kreuzung aus ('Bolero' × 'Topaz') × 'GoldRush', Staatliche Lehr- und Versuchsanstalt für Wein- und Obstbau Weinsberg, Baden-Württemberg, Sortenschutz in Deutschland

Baum: Sehr schöner Säulenbaum, mittelstark im Wuchs, nur kurze Fruchtspieße als seitliche Verzweigungen, in der Baumschule wüchsig, nach Ertragsbeginn ruhige Bäume.

Beurteilung: Äußerst wohlschmeckende Sorte für den Hausgarten. Braucht warme Standorte und genügend Zeit zum Ausreifen.

Fruchtbeschreibung: Mittelgroße Früchte, rund bis leicht hochgebaut, Kelchgrube weit und leicht höckerig, Kelchblätter lang, breit, Kelch verschlossen, Stielgrube tief und weit, Fruchtstiele mittellang, am Ende knopfig, Früchte gänzlich unberostet, Grundfarbe hellgrün bis gelbgrün, attraktiv rote flächige Deckfarbe mit markanten Lentizellen, Fruchtfleisch gelblich, knackig, saftig, würzig, süßsäuerlich, spritzig, sehr guter Geschmack.

Krankheiten/Schaderreger: Schorfresistent (Vf), kaum Mehltau aufgetreten, insgesamt sehr robuste und gesunde Sorte mit intensiv grünem und vitalem Blattwerk.

Ertrag/Lagereignung: Mittleres Ertragsniveau, regelmäßiger Träger, langsamer Ertragsbeginn, wie alle Säulenäpfel wenig lagerfähig, im Kühllager bis Weihnachten.

Fruchteigenschaften:
Fruchtgewicht (g): 191
Sortieranteil 70–85 mm (%): 71
Festigkeit (kg/cm²): 8,5
Stärkewert: 7,1
Zucker (% Brix): 12
Gesamtsäure (g/l): 9
Zucker-Säure-Verhältnis: 13,3 zu 1
Vitamin-C-Gehalt: gering

Phänologische Daten:
Austrieb: mittel (14.03.)
Vollblüte: mittel (09.04.)
Ernte: M 10 (15.10.)

Pomredrobust

Herkunft: 'Waltz' × 'Topaz', Forschungsanstalt Geisenheim, Fachgebiet Obstbau

Baum: Mittelstarker Wuchs, macht kaum Seitentriebe, wenig Aufwand für Schnitt oder Pinzieren, jedoch Tendenz zur Verkahlung.

Beurteilung: Wie der Name sagt, ein rotfrüchtiger und robuster Säulenbaum für den Anbau im Haus- und Kleingarten.

Fruchteigenschaften:
Fruchtgewicht (g): 129
Sortieranteil 70–85 mm (%): 56
Festigkeit (kg/cm^2): 7,3
Stärkewert: 6,6
Zucker (% Brix): 12
Gesamtsäure (g/l): 6,2
Zucker-Säure-Verhältnis: 19,4 zu 1
Vitamin-C-Gehalt: sehr gering

Phänologische Daten:
Austrieb: früh (25.03.)
Vollblüte: mittel (29.04.)
Ernte: M–E 9 (21.09.)

Fruchtbeschreibung: Mittelgroß, mittelbauchig, plattrund, Kelchgrube flach, kaum eingesenkt, schüsselförmig, weit, Kelchblätter kurz und breit, Kelch verschlossen, Stielgrube mittelweit, mäßig tief, leicht berostet, Stiele uneinheitlich lang, Grundfarbe hellgrün, Deckfarbe streifig verwaschen rot mit hellgrau abgehobenen Lentizellen, Fruchtfleisch weiß, saftig spritzig, süß, leicht parfümiert, dicke Schale.

Krankheiten/Schaderreger: Kaum anfällig für Blattschorf, in Jahren mit starkem Befallsdruck ist Fruchtschorf aufgetreten, kein Mehltau beobachtet, große gesunde etwas ledrige Blätter.

Ertrag/Lagereignung: Ertrag mittel, regelmäßig, schwer von Hand auszudünnen, da kurze Fruchtstiele und zu viele Früchte im Büschel, im Kühllager lagerfähig bis Januar.

Redcats

Herkunft: 'Waltz' × AK 17-49-94, Forschungsanstalt Geisenheim, Sortenschutz in Deutschland

Baum: Mittelstark, wenige mittellange Seitentriebe, sehr kompakter Wuchs, viele kurze Seitentriebe mit endständiger Blütenknospe.

Beurteilung: Hoch ertragreiche und vom Blattwerk her gesunde Säulenapfelsorte für den Hausgarten. Leider etwas anfällig gegenüber Krebs. Entsprechende Befallslagen sind zu meiden.

Fruchtbeschreibung: Mittelgroß, hochgebaut, mittelbauchig, Kelchgrube mittelweit und mitteltief, leicht gefältelt, Kelchblätter lang und schmal, Kelch geschlossen, Stielgrube schmal und wenig tief, nicht berostet, Fruchtstiele lang und dünn, Schale glatt, kaum Berostung, Grundfarbe grünlich gelb, Deckfarbe flächiges dunkles Rot, mit deutlich abgehobenen weißgrauen Lentizellen, gelbliches Fruchtfleisch, wird schnell weich, trockenfleischig, säurebetont, Geschmack Richtung 'Elstar'.

Krankheiten/Schaderreger: Gesundes und vitales Laub, keine ausgesprochene Resistenz, anfällig für Obstbaumkrebs.

Ertrag/Lagereignung: Hoch ertragreich, muss aber ausgedünnt werden, sonst droht Alternanz, nicht lagerfähig.

Fruchteigenschaften:
Fruchtgewicht (g): 169
Sortieranteil 70–85 mm (%): 67
Festigkeit (kg/cm²): 6,4
Stärkewert: 4
Zucker (% Brix): 11,1
Gesamtsäure (g/l): 8,1
Zucker-Säure-Verhältnis: 13,7 zu 1
Vitamin-C-Gehalt: gering

Phänologische Daten:
Austrieb: mittel (25.03.)
Vollblüte: mittel (25.04.)
Ernte: M 9 (13.09.)

Rhapsodie

Herkunft: 'Blanik' × 'Bolero', Institute of Experimental Botany AS CR, v. v. i., Prag (Strizovice), Tschechien, Sortenschutz in Deutschland

Baum: Schwach wachsend, bildet an der Mittelachse nur kurze Fruchtspieße aus, sehr schlanker Wuchs.

Beurteilung: Säulenapfel mit guter Pflanzengesundheit und schwachem Wuchs für den Anbau im Pflanzkübel oder im Kleingarten.

Fruchteigenschaften:
Fruchtgewicht (g): 110
Sortieranteil 70–85 mm (%): 20
Festigkeit (kg/cm²): 7,1
Stärkewert: 6,4
Zucker (% Brix): 11
Gesamtsäure (g/l): 6,3
Zucker-Säure-Verhältnis: 17,5 zu 1
Vitamin-C-Gehalt: gering

Phänologische Daten:
Austrieb: früh (25.03.)
Vollblüte: mitttelfrüh (27.04.)
Ernte: M 9 (19.09.)

Fruchtbeschreibung: Klein bis mittelgroß, flachkugelig, abgeplattet, Kelchgrube mäßig eingesenkt, Kelchblätter kurz und breit, Kelch verschlossen, Stielgrube weit und mitteltief, Fruchtstiel kurz, Grundfarbe hellgrün, Deckfarbe verwaschen rot, Frucht sehr glattschalig, Oberfläche leicht bewachst, glänzend, keine Berostung, gelbliches Fruchtfleisch, anfangs knackig, nach kurzer Lagerung schnell weich, feinzellig, dicke Schale mittleres Geschmacksniveau.

Krankheiten/Schaderreger: Schorfresistent (Vf), sehr gesunde Bäume mit vitalem Blattwerk, kaum Mehltau aufgetreten.

Ertrag/Lagereignung: Sehr gutes Ertragsniveau, benötigt frühe Fruchtausdünnung, da die Sorte sonst zu Alternanz neigt, wenig lagerfähig.

Rondo

Herkunft: 'Blanik' × 'Bolero', Institute of Experimental Botany AS CR, v. v. i., Prag (Strizovice), Tschechien, Sortenschutz in Deutschland

Baum: Stark wachsend, sehr schöne Säulenform, wenige längere Seitentriebe, die pinziert werden müssen.

Beurteilung: Sehr gesunde und regelmäßig tragende Sorte mit gutem Geschmack frisch vom Baum. Ideal für den Haus- und Kleingarten.

Fruchtbeschreibung: Mittel- bis großfrüchtig, kugelförmig bis abgeplattet, Kelchgrube schüsselförmig, mäßig tief, Kelchblätter breit und mittellang, Kelch verschlossen, Stielgrube wenig tief und weit, Stiel mittellang und dünn, Grundfarbe grün, Deckfarbe kräftig flächig rot, Fruchtfleisch leicht gelblich, feinzellig, knackig, geschmacklich sehr gut, Geruch wie die Sorte 'Gravensteiner', hat in vielen Sortenverkostungen sehr gut abgeschnitten.

Krankheiten/Schaderreger: Schorfresistent (Vf), kein Befall mit Mehltau aufgetreten, sehr gesunde und vitale Bäume.

Ertrag/Lagereignung: Ertragsniveau mittel, Fruchtbüschel sollten aber von Hand ausgedünnt werden, wird schnell weich, Lagerung im Kühllager bis Dezember.

Fruchteigenschaften:
Fruchtgewicht (g): 184
Sortieranteil 70–85 mm (%): 60
Festigkeit (kg/cm²): 6,9
Stärkewert: 6,5
Zucker (% Brix): 12,6
Gesamtsäure (g/l): 6,6
Zucker-Säure-Verhältnis: 19,1 zu 1
Vitamin-C-Gehalt: gering

Phänologische Daten:
Austrieb: mittelspät (29.03.)
Vollblüte: mittelspät (29.04.)
Ernte: A 10 (02.10.)

Sonate

Herkunft: 'Vanda' × 'Bolero', Institute of Experimental Botany AS CR, v. v. i., Prag (Strizovice), Tschechien, Sortenschutz in Deutschland

Baum: Stark wachsend, betont säulenförmig schlank, kaum Seitentriebe.

Beurteilung: Sorte mit schönem Säulenwuchs und guter Pflanzengesundheit für den Haus- und Kleingarten, die am besten frisch vom Baum gegessen werden sollte.

Fruchteigenschaften:
Fruchtgewicht (g): 124
Sortieranteil 70–85 mm (%): 51
Festigkeit (kg/cm²): 7,7
Stärkewert: 6
Zucker (% Brix): 11,5
Gesamtsäure (g/l): 8,3
Zucker-Säure-Verhältnis: 13,9 zu 1
Vitamin-C-Gehalt: gering

Phänologische Daten:
Austrieb: mittel (27.03.)
Vollblüte: mittel (28.04.)
Ernte: M 9 (14.09.)

Fruchtbeschreibung: Mittelgroß, plattrund, Kelchgrube weit, mitteltief, Kelchblätter kurz und schmal, Kelch dicht verschlossen, Stielgrube mittelweit, nur wenig tief, Fruchtstiele mittellang bis kurz, Grundfarbe grünlich gelb, Deckfarbe streifig bis marmoriert rot, Schale leicht fettig, weißes weiches Fruchtfleisch, sehr dicke, festkauende Schale, mäßig saftig, geschmacklich säuerlich, wird schnell weich.

Krankheiten/Schaderreger: Schorfresistent (Vf), weder Schorf noch Mehltau aufgetreten, sehr gesundes und vitales Blattwerk.

Ertrag/Lagereignung: Ertrag mäßig bis gering, dafür regelmäßig, trägt nur wenige Früchte je Blütenbüschel, wenig lagerfähig, im Kühllager bis Dezember.

Starcats

Herkunft: 'Bolero' × 'Elstar', Forschungsanstalt Geisenheim, Sortenschutz in Deutschland

Baum: Mittelstark, trotz zahlreicher kleiner Seitenverzweigungen kompakter Wuchs, kurze Fruchtspieße mit endständigen Blütenknospen.

Beurteilung: Geschmacklich sehr gute, aber nicht krankheitsresistente Sorte. Frisch vom Baum ein echter Genuss.

Fruchtbeschreibung: Mittelgroß, kugelförmig bis leicht hochgebaut, Kelchgrube schüsselförmig, mittelweit und tief, Kelchblätter mittelbreit und kurz, leicht behaart, hornartig abstehend, Schale glatt, leicht wachsig aber nicht fettig, kaum berostet, Grundfarbe gelb, Deckfarbe attraktiv leuchtend rot, sehr kurze Fruchtstiele, Fruchtfleisch gelblich weiß, wird aber schnell weich, geschmacklich Richtung 'Elstar', knackig saftig, ausgewogen, frisch vom Baum ein echter Genuss.

Krankheiten/Schaderreger: Wenig anfällig für Schorf und Mehltau, Sorte besitzt aber keine ausgesprochene Resistenz.

Ertrag/Lagereignung: Mittleres Ertragsniveau, regelmäßig, Früchte werden rasch weich und sind nicht lagerfähig.

Fruchteigenschaften:
Fruchtgewicht (g): 141
Sortieranteil 70–85 mm (%): 68
Festigkeit (kg/cm^2): 7,3
Stärkewert: 5,4
Zucker (% Brix): 14,8
Gesamtsäure (g/l): 11,4
Zucker-Säure-Verhältnis: 13 zu 1
Vitamin-C-Gehalt: mittel

Phänologische Daten:
Austrieb: mittel (24.03.)
Vollblüte: mittel (24.04.)
Ernte: A 9 (04.09.)

Concorde

Herkunft: 'Vereinsdechants' × 'Conference', Plant Breeding International, Cambridge, England

Baum: Mittelstarker Wuchs (etwa 15 % stärker als 'Conference'), gut verzweigt, mäßiger Schnittaufwand.

Beurteilung: Regelmäßiger Träger, gute Fruchtgröße, deutlich größere und weniger berostete Früchte als 'Conference', aufgrund der Schorftoleranz auch für den Bioanbau geeignet, die Gelbfärbung der Früchte im Lager suggeriert allerdings Überreife.

Fruchteigenschaften:
Fruchtgewicht (g): 203
Sortieranteil 70–85 mm (%): 43
Farbanteil (%): einfarbig
Zucker (% Brix): 16,1
Verzehrtyp: Hartesser

Phänologische Daten:
Austrieb: mittelfrüh (25.03.)
Vollblüte: mittel (19.04.)
Ernte: A 9 (11.09.)

Fruchtbeschreibung: Mittel- bis groß, lang, kelchbauchig, mit Taille, Kelchgrube leicht ein-gesenkt bis plateauförmig, Kelchblätter breit und lang, meist abgebrochen oder abgeklappt, fleischig von der Frucht abstehend, Stiel auf der Frucht aufsetzend, ohne Stielgrube, mittellang, mitteldick, fruchtfarben bis braun, Fruchtschale gelbgrün mit sehr geringer Deckfarbe, glattschalig, kaum berostet, geschmacklich saftig süß, fest bis halbschmelzend, gutes Aroma.

Krankheiten/Schaderreger: Schorftolerant, gesundes Blattwerk, an manchen Standorten wird von Befall mit Feuerbrand berichtet.

Ertrag/Lagereignung: Mittleres Ertragsniveau, 20–30 % unter dem von 'Conference', wenig alternierend, rascher Ertragsbeginn, im Kühllager gut lagerfähig bis März.

Conference

Herkunft: Sämling aus freier Abblüte von Leon Leclerc de Laval, Sawbridgeworth, England, seit 1894 im Handel

Baum: Mittelstarker Wuchs, gut verzweigt, wenig Schnittaufwand.

Beurteilung: Meistangebaute Sorte in Mittel- und Westeuropa, benötigt allerdings gute Wasserversorgung für anständige Fruchtgrößen, Sorte für Liebhaber fester und harter Birnen.

Fruchtbeschreibung: Kleinfrüchtig, über die Hälfte aller Früchte sind in trockenen Lagen unter 60 mm Fruchtdurchmesser, bei guter Wasserversorgung allenfalls mittelgroß, lang, kelchbauchig, mit Taille, Kelchgrube klein und berostet, Kelch mittelgroß und offen, Kelchblätter schmal und aufrecht, Stiel mittellang bis lang, mitteldick, Fruchtschale gelbgrün, ohne Deckfarbe, gesamte Fruchtoberfläche und besonders der Kelchbereich stark berostet, Schale fest, beim Verzehr etwas störend, knackig, sehr saftig, süße Birne mit festem Fruchtfleisch.

Krankheiten/Schaderreger: Kaum anfällig gegenüber Schorf, reagiert jedoch auf große Hitze oder Trockenheit mit Blattverbräunungen bis hin zum kompletten Laubausfall.

Ertrag/Lagereignung: Sehr hohes Ertragsvermögen, sehr regelmäßig, rascher Ertragsbeginn, sehr gut lagerfähig (bis Februar).

Fruchteigenschaften:
Fruchtgewicht (g): 140
Sortieranteil 70–85 mm (%): 4
Farbanteil (%): einfarbig
Zucker (% Brix): 13,6
Verzehrtyp: Hartesser

Phänologische Daten:
Austrieb: mittelfrüh (27.03.)
Vollblüte: mittel (20.04.)
Ernte: A 9 (06.09.)

Gerburg

Herkunft: 'Clapps Liebling' × 'Nordhäuser Winterforelle', Versuchsstation Naumburg, Julius Kühn-Institut für Obstforschung, Dresden-Pillnitz

Baum: Starker bis sehr starker Wuchs, wenig Seitenverzweigungen, sehr lange Seitenäste, mittenbetont, trotzdem kaum Wasserschosser und damit auch kaum Schnittaufwand.

Beurteilung: Optisch außerordentlich attraktive Birne mit hervorragendem Geschmack, beste Sorte unter den zweifarbigen Birnen, Schaufrucht für den Hausgarten.

Fruchteigenschaften:
Fruchtgewicht (g): 342
Sortieranteil 70–85 mm (%): 30
Farbanteil (%): 29
Zucker (% Brix): 12,6
Verzehrtyp: Weichesser

Phänologische Daten:
Austrieb: spät (29.03.)
Vollblüte: früh (18.04.)
Ernte: M–E 9 (21.09.)

Fruchtbeschreibung: Groß bis sehr groß, gestaucht birnenförmig ohne Taille, Kelchgrube weit und flach, Kelchblätter fleischig, von der Frucht abstehend, Stielgrube klein und wulstig, Stiel braun, Grundfarbe pflückreif hellgrün bis trübgrün, vollreif leuchtend gelb, attraktive Optik!, flächige intensiv rote Deckfarbe mit großen Lentizellen, kaum berostet, Birne muss bis Dezember gelagert werden, danach saftig schmelzend, feinzellig, schönes Birnenaroma, sehr guter Geschmack.

Krankheiten/Schaderreger: Kaum anfällig für Birnenschorf, gesundes glänzendes Laub, anfällig für Feuerbrand.

Ertrag/Lagereignung: Sehr regelmäßiger und guter Ertrag, im Kühllager mindestens bis Februar lagerfähig.

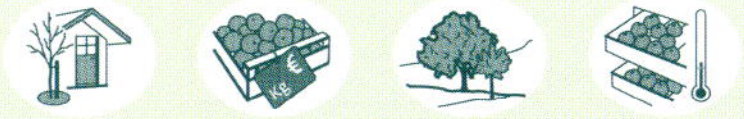

Harrow Delight

Herkunft: 'Williams Christ' × 'Purdue 80-51' (= 'Early Sweet' × 'Old Home'), Harrow Research Center, Kanada

Baum: Schwacher Wuchs, gut verzweigt, mit Quittenunterlagen schlecht verträglich, Zwischenveredlungen mit 'Gellerts Butterbirne' oder artechte Unterlagen empfehlenswert.

Beurteilung: Allgemein robuste und feuerbrandresistente Frühsorte mit gutem Geschmack (wie 'Williams Christ') für Hausgarten und Erwerb, aufgrund der guten Aromen auch zur Herstellung von Destillaten geeignet.

Fruchtbeschreibung: Mittelgroß bis klein, typisch birnenförmig, kelchbauchig, Kelchblätter kurz und dick, Kelch offen, Fruchtstiel mittellang und dick, Grundfarbe grün, bei Vollreife gelb, sonnenseits manchmal bis zu 30 % karminrote Deckfarbe mit großen Lentizellen, Schale glatt und mitteldick, Fruchtfleisch gelblich weiß, saftig süß, schmelzend, aromatisch, sehr guter Geschmack ähnlich 'Williams Christ', am besten mit noch grüner Grundfarbe ernten und dann nachreifen lassen.

Krankheiten/Schaderreger: Feuerbrandresistent, kaum anfällig für Birnenschorf, Vorerntefruchtfall wie bei 'Williams Christ', auch deshalb grünreif ernten, Blattwerk anfällig für Hitzeschäden.

Ertrag/Lagereignung: Sehr gutes Ertragsvermögen, rascher Ertragsbeginn, leicht alternierend, etwa 4 Wochen lagerfähig.

Fruchteigenschaften:
Fruchtgewicht (g): 135
Sortieranteil 70–85 mm (%): 2
Farbanteil (%): 2
Zucker (% Brix): 14,4
Verzehrtyp: Weichesser

Phänologische Daten:
Austrieb: mittelfrüh (27.03.)
Vollblüte: früh (17.04.)
Ernte: A 8 (04.08.)

Hortensia

Herkunft: 'Nordhäuser Winterforelle' × 'Clapps Liebling', Versuchsstation Naumburg, Julius Kühn-Institut für Obstforschung, Dresden-Pillnitz

Baum: Sehr stark wachsend, gut verzweigt, kaum Quirlholz, sehr vegetative Bäume, lange schleudernde Triebe und viele Wasserschosser, sehr hoher Schnittaufwand.

Beurteilung: Optisch sehr schöne, geschmacklich gute und gut lagerfähige Sorte. Das Wachstum ist sehr stark und muss bei der Unterlagenwahl und der Kulturführung berücksichtigt werden.

Fruchteigenschaften:
Fruchtgewicht (g): 154
Sortieranteil 70–85 mm (%): 11
Farbanteil (%): 30
Zucker (% Brix): 12,8
Verzehrtyp: Hartesser

Phänologische Daten:
Austrieb: mittelfrüh (20.03.)
Vollblüte: mittel (18.04.)
Ernte: A–M 9 (10.09.)

Fruchtbeschreibung: Mittelgroß, sehr schöne und typische Birnenform, mittel bis lang, kelchbauchig, Kelch aufsitzend, Kelchblätter breit, kurz fleischig, abstehend bis abgeklappt, Stielgrube klein, manchmal wulstig, Stiel mittellang und grün, Grundfarbe gelblich grün, vollreif hellgelb, sehr ansprechende rote Deckfarbe, optisch sehr attraktiv, angenehmes Birnenaroma, saftig schmelzend, Fleisch fest, nicht tropfend, hervorragender Geschmack.

Krankheiten/Schaderreger: Bisher hat sich die Sorte als robust gezeigt, aufgrund der Verwandtschaft mit der 'Nordhäuser Winterforellenbirne' ist jedoch eine Anfälligkeit gegenüber Feuerbrand wahrscheinlich.

Ertrag/Lagereignung: Aufgrund der vegetativen Bäume sind die Erträge gering, früher Ertragsbeginn, problemlos lagerfähig bis Januar .

Novembra®

Herkunft: 'Triomphe de Vienne' × 'Decana', N. Krier, Moldawien 1962, eigentlicher Sortenname 'Nojabriskaja', Synonym 'Xenia®'

Baum: Schwacher bis mittelstarker Wuchs, schlecht verträglich zu Quittenunterlagen, Zwischenveredlung erforderlich.

Beurteilung: Der sehr hohe Ertrag, der gute Geschmack und die hervorragende Lagerfähigkeit machen diese Sorte für den Hobby- und Erwerbsanbau sehr interessant.

Fruchtbeschreibung: Sehr groß, klassische Birnenform, etwas unregelmäßig, ausgeprägte Taille, zum Kelchbereich hin konisch zulaufend, Kelchgrube flach, grundsätzlich leicht berostet, Kelchblätter fleischig, schmal, Kelch offen, Stiel oft seitlich abgedrückt mit Fleischansatz, Schale glatt, Fruchtfleisch sehr fest und knackig hart, relativ saftig für eine harte Birne, tropft nicht, Lagerung empfehlenswert, danach hervorragender Geschmack!

Krankheiten/Schaderreger: Bisher keine Auffälligkeiten beobachtet.

Ertrag/Lagereignung: Sehr hohes Ertragsvermögen, regelmäßig, fruchtet sogar am einjährigen Holz!, im Kühllager sehr gut lagerfähig bis März, hält auch sehr lange unter Wohnraumbedingungen (Esszimmer, Obstschale).

Fruchteigenschaften:
Fruchtgewicht (g): 294
Sortieranteil 70–85 mm (%): 69
Farbanteil (%): einfarbig
Zucker (% Brix): 13,2
Verzehrtyp: Hart- und Weichesser

Phänologische Daten:
Austrieb: mittel (26.03.)
Vollblüte: früh (16.04.)
Ernte: A 10 (03.10.)

Uta

Herkunft: 'Madame Verte' × 'Bosc's Flaschenbirne', Versuchsstation Naumburg, Julius Kühn-Institut für Obstforschung, Dresden-Pillnitz

Baum: Mittelstarker bis schwacher Wuchs, gut verzweigt, viele einjährige dünne Triebe am Seitenholz, viel Quirlholz, mittlerer Schnittaufwand.

Beurteilung: Vorteile dieser Birne sind ihr Ertragsvermögen, die Pflanzengesundheit, die Fruchtgröße, der Wuchs und der Geschmack. Nachteilig ist das Aussehen der Frucht (komplett berostet).

Fruchteigenschaften:
Fruchtgewicht (g): 175
Sortieranteil 70–85 mm (%): 46
Farbanteil (%): einfarbig, 100 % berostet
Zucker (% Brix): 13,8
Verzehrtyp: Hartesser

Phänologische Daten:
Austrieb: mittel (22.03.)
Vollblüte: mittelfrüh (18.04.)
Ernte: M–E 9 (23.09.)

Fruchtbeschreibung: Mittel- bis großfrüchtig, kelchbauchig, gedrungene untersetzte Birnenform, Kelchgrube ganz leicht eingesenkt, fast völlig flach, Kelchblätter fleischig, mittellang und mitteldick, teilweise abgebrochen, von der Frucht abstehend, Kelch offen, Stielgrube wenig tief bis aufgesetzt, Fruchtstiel mittellang und mitteldick, eingesteckt, Farbe bronzefarben bis goldbronzen, Schale dünn und trotzdem beim Genuss leicht schmirgelnd, Fruchtfleisch saftig süß, schmelzend, guter Geschmack.

Krankheiten/Schaderreger: Schorftolerant, bisher keine Auffälligkeiten aufgetreten, sehr gesunde Bäume.

Ertrag/Lagereignung: Hohes Ertragsvermögen, rascher Ertragsbeginn, regelmäßiger Träger, im Kühllager bis Februar haltbar.

Wahl'sche Schnapsbirne

Herkunft: Zufallssämling, von Hr. Wahl in Hessental gefunden

Baum: Stark wachsend, gut verzweigt, typisch kleinblättriges Laub, häufig schiefgebaute Blätter (lindenförmig), sehr triebig, viele Wasserschosser.

Beurteilung: Hervorragende Destillatbirne, wegen der kleinen Früchte und dem raschen Teigigwerden der Früchte eher auf Quittenunterlagen oder Pyrodwarf veredeln, die Früchte schütteln, zusammenlesen und rasch verarbeiten.

Fruchtbeschreibung: Sehr klein, typische Mostbirne, kreiselförmig, Fruchtfarbe hellgrün, später vollgelb, grobzellig, saftig, wird schnell teigig und dann braun von innen heraus, vollreif herrlicher Birnenduft und Aroma, ähnlich 'Williams Christ'.

Krankheiten/Schaderreger: Bisher konnten keine besonderen Anfälligkeiten beobachtet werden, sehr robuste Sorte.

Ertrag/Lagereignung: Hoch, regelmäßig, früher Ertragseintritt, kurze Nachlagerung für Aromenausbildung empfehlenswert, dann rasch verarbeiten.

Fruchteigenschaften:
Fruchtgewicht (g): 52
Sortieranteil 70–85 mm (%): 0
Farbanteil (%): einfarbig
Zucker (% Brix): 12,4
Verzehrtyp: nicht zum Verzehr, reine Destillatbirne

Phänologische Daten:
Austrieb: mittel (20.03.)
Vollblüte: mittelfrüh (15.04.)
Ernte: E 8 (27.08.)

Burlat

Herkunft: Zufallssämling, der in den 30er-Jahren des vorigen Jahrhunderts in Pierre Benite in Südfrankreich von Mr. Burlat entdeckt wurde

Baum: In den Anfangsjahren stark wachsend, später nachlassend, gut verzweigt, klarer Etagenaufbau.

Beurteilung: Trotz des starken Wachstums setzt der Ertrag bei dieser Sorte schon früh ein. Die Früchte sind aufgrund des frühen Erntetermins relativ weich. Sie werden ebenfalls aufgrund der frühen Reife gerne von Vögeln gefressen.

Fruchteigenschaften:
Fruchtgröße (mm): 27,4
Fruchtfestigkeit (g/mm): 153
Steinanteil (%): 4,8
Zuckergehalt (% Brix): 15,6
Zucker-Säure-Verhältnis: eher säuerlich

Phänologische Daten:
Blühbeginn: früh (06.04.)
Blühende: M 4
Befruchter: z. B. 'Büttners Rote Knorpel'
Ernte: früh, 2. Kirschwoche (14.06.)

Fruchtbeschreibung: Mittelgroße, herzförmige Herzkirsche mit attraktivem Aussehen, dunkelrote Fruchtfarbe, stark glänzend, einheitlich abreifend, das Fruchtfleisch ist dunkelrot, geringer Steinanteil, sehr guter Geschmack, eher säuerlich, leicht aromatisch.

Krankheiten/Schaderreger: Mittel anfällig für Fruchtmonilia und Kirschenplatzen, aufgrund der frühen Reife stark anfällig für Vogelfraß (Einnetzen!), jedoch kaum Befall durch Kirschfruchtfliege.

Ertrag: Früher Ertragsbeginn, mittleres Ertragsvermögen, nicht zur längerfristigen Lagerung geeignet.

Dollenseppler

Herkunft: Von Joseph Doll aus Achern-Mösbach in Baden-Württemberg als Sämling gefunden, ab 1960 stärker verbreitet

Baum: Mittelstark bis stark wachsend, charakteristische breitkugelige, lockere Krone, die gut mit Buketttrieben besetzt ist.

Beurteilung: Empfehlenswerte Brennkirsche zur Herstellung von Kirschwasser, gedeiht auch in höheren Lagen, hervorragende Fruchtqualität, lässt sich auch gut schütteln.

Fruchtbeschreibung: Sehr kleinfrüchtig, schwarze glänzende Früchte mit attraktivem Aussehen, sehr einheitlich reifend, weichfleischig, schwarzrotes Fruchtfleisch mit hohem Steinanteil, enorm hoher Zuckergehalt, saftig mit starkem Aroma, reine Brenn- oder Verarbeitungskirsche.

Krankheiten/Schaderreger: Kaum anfällig für Fruchtmonilia, Kirschenplatzen oder Vogelfraß, sehr robuste Sorte.

Ertrag: Hohes Ertragsvermögen.

Fruchteigenschaften:
Fruchtgröße (mm): 19,0
Fruchtfestigkeit (g/mm): 149,2
Steinanteil (%): 8,0
Zuckergehalt (% Brix): 23,4
Zucker-Säure-Verhältnis: eher säuerlich

Phänologische Daten:
Blühbeginn: spät (14.04.)
Blühende: E 4
Befruchter: z. B. 'Wölflisteiner'
Ernte: spät (12.07.)

Kordia

Herkunft: Zufallssämling aus Techlovice (Nordböhmen), seit 1982 im Anbau

Baum: Mittel bis stark wachsend, breitwüchsig, stark überhängende dünne Triebe.

Beurteilung: Sehr großfrüchtige, festfleischige und sehr attraktive Knorpelkirsche mit einem guten Ertragsniveau, der Wuchs ist sehr hängend und die Bäume sind leicht verkahlend, die Sorte ist empfindlich für Holzfröste und Spätfröste zur Blütezeit, gute Platzfestigkeit.

Fruchteigenschaften:
Fruchtgröße (mm): 28,3
Fruchtfestigkeit (g/mm): 263,7
Steinanteil (%): 4,5
Zuckergehalt (% Brix): 17,9
Zucker-Säure-Verhältnis: eher säuerlich

Phänologische Daten:
Blühbeginn: mittelspät (11.04.)
Blühende: E 4
Befruchter: z. B. 'Schneider's Späte Knorpel'
Ernte: mittel, 6. Kirschwoche

Fruchtbeschreibung: Großfrüchtige herzförmige Knorpelkirsche, die Fruchtfarbe ist dunkelrot mit starkem Glanz, insgesamt ist die Optik sehr attraktiv, die Fruchtstiele sind lang und die Fruchtreife ist sehr einheitlich, das Fruchtfleisch ist rot, saftig, mit starkem Aroma und geschmacklich eher säuerlich.

Krankheiten/Schaderreger: Kaum anfällig für Fruchtmonilia, wenig Ausfall durch Vogelfraß, relativ platzfest.

Ertrag: Hohes Ertragsvermögen, früher Ertragseintritt, regelmäßiger Träger.

Regina

Herkunft: 'Schneider's Späte Knorpel' × 'Rube', eine Züchtung aus Jork im Alten Land bei Hamburg, wurde 1981 in den Handel gebracht

Baum: Stark wachsend, aufrecht und breitwüchsig, recht dichte Kronen.

Beurteilung: Hauptsorte im Erwerbsanbau im späten Reifesegment, sehr platzfest bei Regen, hält sich auch lange im Kühllager.

Fruchtbeschreibung: Großfrüchtige herzförmige Knorpelkirsche mit dunkelroter bis schwarzer Fruchtfarbe, sehr attraktives Aussehen, sehr einheitliche Abreife der Früchte, sehr festes und knackig saftiges Fruchtfleisch mit dunkelroter Farbe, der Geschmack ist sehr gut mit ausgewogenem Zucker-Säure-Verhältnis und starkem Aroma.

Krankheiten/Schaderreger: Wenig anfällig gegenüber Aufplatzen und Fruchtmonilia, Vogelfraß gering.

Ertrag: Sehr hohes Ertragsvermögen, früher Ertragsbeginn, regelmäßiger Ertrag, kann gut im Kühllager gelagert werden, um die Kirschensaison zu verlängern.

Fruchteigenschaften:
Fruchtgröße (mm): 28,4
Fruchtfestigkeit (g/mm): 311,4
Steinanteil (%): 5,2
Zuckergehalt (% Brix): 18,3
Zucker-Säure-Verhältnis: ausgewogen

Phänologische Daten:
Blühbeginn: sehr spät (14.04.)
Blühende: E 4
Befruchter: z. B. 'Summit', 'Sylvia'
Ernte: spät, 7. Kirschwoche (12.07.)

Schneider's Späte Knorpel

Herkunft: Um 1850 als Zufallssämling in Guben/Neiße auf dem Grundstück von Herrn Schneider gefunden, es gibt von dieser Sorte verschiedene Selektionen, z. B. 'Nordwunder' oder 'Zeppelin'

Baum: Stark wachsend, pyramidale Krone mit einer dominanten Mitte und schräg aufwärts gerichteten Gerüstästen, mittelstarke Verzweigungsdichte, schwierig als Spindel zu erziehen.

Beurteilung: Weit verbreitete großfrüchtige Knorpelkirsche mit gutem Geschmack, der Baum neigt allerdings zur Überbauung.

Fruchteigenschaften:
Fruchtgröße (mm): 28,8
Fruchtfestigkeit (g/mm): 286,8
Steinanteil (%): 4,7
Zuckergehalt (% Brix): 17,8
Zucker-Säure-Verhältnis: eher säuerlich

Phänologische Daten:
Blühbeginn: mittelfrüh (12.04.)
Blühende: M 4
Befruchter: z. B. 'Skeena'
Ernte: mittelspät, 5. Kirschwoche

Fruchtbeschreibung: Mittelgroße Knorpelkirsche mit stumpf herzförmiger bis nierenförmiger Fruchtform, die Fruchtfarbe ist braunrot, die Stiele sind mittellang, insgesamt ist die Optik der Kirsche sehr attraktiv, die Fruchtreife ist einheitlich, das Fruchtfleisch ist rot, sehr fest, mittelsaftig, stark aromatisch und geschmacklich eher säuerlich.

Krankheiten/Schaderreger: Neigt auf schweren und zu leichten Böden sowie bei Trockenheit zum Röteln, die Früchte platzen bei Regen oder hoher Luftfeuchte gern auf und sind anfällig gegenüber Fruchtmonilia.

Ertrag: Mittleres bis hohes Ertragspotenzial, unregelmäßiger Träger.

Skeena

Herkunft: S2E 60-7 × 2N 38-22 aus Summerland, Kanada

Baum: Mittelstark bis stark wachsend, halb aufrechter Wuchs, später gleichmäßige gut garnierte Baumkrone.

Beurteilung: Die Besonderheit dieser Sorte liegt in ihrer Selbstfruchtbarkeit, das heißt, es müssen keine geeigneten Befruchtersorten in der Nähe sein. Eine Pflanzung als Solitärbaum ist möglich. Die Früchte hängen leider in Büscheln, daher ist die Sorte anfällig für Fruchtmonilia.

Fruchtbeschreibung: Mittelgroße, nierenförmige Kirschen mit schwärzlicher Fruchtfarbe und mittlerem Glanz. Das Fruchtfleisch ist ebenfalls schwarzrot, nur mittelfest und mittelsaftig. Der Geschmack ist eher säuerlich mit starkem Aroma.

Krankheiten/Schaderreger: Die Anfälligkeit gegenüber Fruchtmonilia ist relativ hoch, da die Früchte in Clustern sitzen und sich hier Feuchtigkeit ansammelt

Ertrag: Sehr ertragsstarke Sorte.

Fruchteigenschaften:
Fruchtgröße (mm): 27,5
Fruchtfestigkeit (g/mm): 281,2
Steinanteil (%): 5,2
Zuckergehalt (% Brix): 18
Zucker-Säure-Verhältnis: eher säuerlich

Phänologische Daten:
Blühbeginn: spät (11.04.)
Blühende: M–E 4
Ernte: mittelspät (08.07.)

Sweetheart

Herkunft: 'Van' × 'New Star', Summerland, Kanada

Baum: Schwach bis mittelstark wachsend, aufrechter Wuchs mit mittlerer Verzweigungsdichte.

Beurteilung: Selbstfruchtbare Sorte im späten Reifesegment, sehr festes Fruchtfleisch, benötigt für gute Qualitäten intensiven Fruchtholzschnitt, neigt zu Überbehang.

Fruchteigenschaften:
Fruchtgröße (mm): 26,7
Fruchtfestigkeit (g/mm): 353,2
Steinanteil (%): 5,2
Zuckergehalt (% Brix): 19,1
Zucker-Säure-Verhältnis: eher säuerlich

Phänologische Daten:
Blühbeginn: spät (11.04.)
Blühende: M–E 4
Ernte: spät, 7. Kirschwoche (18.07.)

Fruchtbeschreibung: Eher kleine nierenförmige Früchte mit braunroter Fruchtfarbe, stark glänzend, sehr attraktives Aussehen, zur Reifezeit sehr einheitliche Früchte, festes knackiges Fruchtfleisch, intensiv rot gefärbt, eher säuerlich im Geschmack mit starkem Aroma.

Krankheiten/Schaderreger: Mittel anfällig für Fruchtmonilia.

Ertrag: Mittlere bis hohe Erträge, neigt in manchen Jahren zu Überbehang.

Achat

Herkunft: 'Köröser Weichsel' × ('Fanal' × 'Kelleriis 16'), Julius Kühn-Institut für Obstforschung, Dresden-Pillnitz, Sortenschutz seit 2004

Baum: Stark wachsend, sehr breit ausladend, gut verzweigt, geringe Neigung zur Verkahlung, da der Fruchtansatz am mehrjährigen Holz stattfindet.

Beurteilung: Ertragreiche Sorte für den Erwerbsanbau und den Hausgarten, der Fruchtbehang am mehrjährigen Holz ist typisch für diese Sorte, die Reife ist zwei Wochen vor der Standardsorte 'Schattenmorelle'.

Fruchtbeschreibung: Dunkelrote Fruchtfarbe, flachrunde Form, mittelfestes Fruchtfleisch, geschmacklich ausgeglichen süßsauer, auch für den Frischverzehr geeignet.

Krankheiten/Schaderreger: Geringe Anfälligkeit gegenüber Monilia-Spitzendürre, anfällig gegenüber der Sprühfleckenkrankheit, wenig anfällig für Fruchtfäule, platzfest.

Ertrag: Hoch bis sehr hoch, Fruchtbildung an Kurztrieben.

Fruchteigenschaften:
Fruchtgröße (mm): 26–28
Fruchtfestigkeit (g/mm): 80–95
Steinanteil (%): 6–7
Zuckergehalt (% Brix): 15–20

Phänologische Daten:
Blühbeginn: mittelfrüh (06.04.)
Blühende: M–E 4
Ernte: M 7

Morina

Herkunft: 'Koröser Weichsel' × 'Reinhards Ostheimer', Julius Kühn-Institut für Obstforschung, Dresden-Pillnitz, Sortenschutz seit 1995

Baum: Mittelstark wachsend, sehr gut verzweigt, gut geeignet für die Spindelerziehung.

Beurteilung: Festfleischige Sorte mit guten Fruchteigenschaften für den Frischverzehr und die Verarbeitung, relativ unempfindlich gegenüber Blütenfrost.

Fruchteigenschaften:
Fruchtgröße (mm): 20,5
Fruchtfestigkeit (g/mm): 164,4
Steinanteil (%): 7,7
Zuckergehalt (% Brix): 22,9
Zucker-Säure-Verhältnis: sauer

Phänologische Daten:
Blühbeginn: mittelfrüh (16.04.)
Blühende: E 4
Ernte: mittelfrüh (12.07.)

Fruchtbeschreibung: Feste runde Früchte, mittelgroß, flachrund, Fruchtfarbe dunkelrot, manchmal leicht gesprenkelt, schwacher Glanz, attraktives Aussehen, sehr einheitliche Fruchtreife, relativ festfleischig, gut geeignet für die Verarbeitung zu Gelee, Saft oder zum Einkochen.

Krankheiten/Schaderreger: Robust gegenüber Monilia-Spitzendürre, Virusbefall (Nekrotisches Ringfleckenvirus) und Sprühfleckenkrankheit.

Ertrag: Mittleres bis hohes Ertragsvermögen

Ungarische Traubige

Herkunft: Sortenbezeichnung 'Ujfehertoi fürtos', wurde 1961 als Zufallssämling in einem Garten in Ujfehertoi, Ungarn gefunden

Baum: Sehr stark wachsend, sehr aufrechte Krone, mitteldichte Verzweigung ohne Verkahlung.

Beurteilung: Sehr gesunde Hauptsorte aus Ungarn, empfindlich für Blütenfröste, benötigt daher warme und geschützte Standorte.

Fruchtbeschreibung: Kleine Kirschen mit flachrunder Fruchtform, braunrote Fruchtfarbe mit gutem Glanz, attraktives Aussehen, sehr einheitliche Fruchtreife, sehr saftig mit angenehm säuerlichem Geschmack, auch für den Verzehr ab Baum geeignet.

Krankheiten/Schaderreger: Sehr robust gegenüber Zweigmonilia, tolerant gegen Fruchtmonilia und Viruserkrankungen (PNRV).

Ertrag: Sehr hohes Ertragsvermögen.

Fruchteigenschaften:
Fruchtgröße (mm): 19,8
Fruchtfestigkeit (g/mm): 124,5
Steinanteil (%): 6,5
Zuckergehalt (% Brix): 19,3
Zucker-Säure-Verhältnis: sauer

Phänologische Daten:
Blühbeginn: früh (14.04.)
Blühende: E 4
Ernte: mittel (19.07.)

Emmi

Herkunft: 'Verity' × 'President', Universität Hohenheim

Baum: Mittelstarker Wuchs.

Beurteilung: Sorte für den Frischverzehr ab Baum und als Kuchenbelag, die Frucht hat die Farbe einer Mirabelle und die Form einer großen Zwetschge.

Fruchteigenschaften:
Fruchtgröße (mm): 44
Fruchtfestigkeit (g/mm): 532
Steinanteil (%): 3–4
Steinlöslichkeit: mittel bis gut
Zuckergehalt (% Brix): 19
Zucker-Säure-Verhältnis: eher süß

Phänologische Daten:
Blühbeginn: früh (A 4), selbstfruchtbar
Blühende: M 4
Ernte: M–E 9 (24.09.)

Fruchtbeschreibung: Das Besondere an dieser Sorte ist die gelborange Fruchtfarbe mit roter Backe, sie ist großfrüchtig, festfleischig, geschmacklich eher flach, süß.

Krankheiten/Schaderreger: Nicht hypersensibel gegenüber Scharka, wenig anfällig gegenüber Monilia.

Ertrag: Mittlere Erträge, die Sorte eignet sich vor allem für den Frischverzehr und kann kurzzeitig gelagert werden.

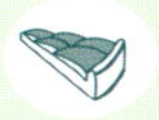

Haroma

Herkunft: 'President' × 'Auerbacher', Universität Hohenheim

Baum: Breitwüchsig, schwacher Wuchs, mittlere Verzeigungsdichte, hohe Belaubungsdichte, sehr guter Blattzustand.

Beurteilung: Sorte mit guten Ertrags- und Fruchteigenschaften, die etwas zum Überbehang neigt, Fruchtausdünnung ist daher empfehlenswert, leider nur scharkatolerant, das heißt, die Sorte zeigt geringe Blattsymptome, 'Haroma' lässt sich gut lagern und wird häufig auch in der Brennerei verwendet.

Fruchtbeschreibung: Mittelgroße dunkelblaue Früchte mit elliptischer Form, starker Bereifung und attraktivem Aussehen. Das Fruchtfleisch ist fest, saftig, bernsteinfarben und gut steinlösend. Geschmacklich ist die Sorte gut, sehr aromatisch, mit ausgewogenem Zucker-Säure-Verhältnis.

Krankheiten/Schaderreger: Scharkatolerant, keine Frucht-, aber geringe Blattsymptome.

Ertrag: Hoch, früh einsetzend, regelmäßig, gut lagerfähig.

Fruchteigenschaften:
Fruchtgröße (mm): 37,9
Fruchtfestigkeit (g/mm): 459,9
Steinanteil (%): 4,8
Steinlöslichkeit: mittel
Zuckergehalt (% Brix): 19,4
Zucker-Säure-Verhältnis: ausgewogen

Phänologische Daten:
Blühbeginn: mittelfrüh (07.04.)
Blühende: M 4 (19.04.)
Ernte: A 9 (01.09.)

Jofela

Herkunft: 'Jojo' × 'Felsina', Universität Hohenheim

Baum: Mittelstarker Wuchs, flach abgehende Äste.

Beurteilung: Problemloser Baumwuchs, lässt sich gut erziehen, erreicht auch bei hohem Fruchtbehang noch hohe Zuckerwerte. In allen Kriterien gute Sorte mit Hypersensibilität gegenüber Scharka.

Fruchteigenschaften:
Fruchtgröße (mm): 30
Fruchtfestigkeit (g/mm): 405
Steinanteil (%): 3–4
Steinlöslichkeit: gut
Zuckergehalt (% Brix): 18
Zucker-Säure-Verhältnis: ausgewogen

Phänologische Daten:
Blühbeginn: mittel (13.04.), selbstfruchtbar
Blühende: E 4 (22.04.)
Ernte: 9

Fruchtbeschreibung: Länglich-ovale, mittelgroße Früchte von dunkelvioletter bis dunkelblauer Farbe mit starker Bereifung, goldgelbes, festes Fruchtfleisch; löst sehr gut vom Stein, sehr aromatisch, ausgewogenes Zucker-Säure-Verhältnis bei hohen Zuckergehalten.

Krankheiten/Schaderreger: Hochgradig scharkaresistente Sorte, wenig anfällig gegenüber Monilia, tolerant gegenüber Sommerhitze.

Ertrag: Ertrag früh einsetzend, hohe und regelmäßige Erträge, Früchte reifen sehr einheitlich, langes Erntefenster, gut lagerfähig.

Joganta

Herkunft: 'Jojo' × 'Haganta', Universität Hohenheim

Baum: Schwach wachsend, sollte nicht auf zu schwache Unterlagen veredelt werden, relativ kompakt.

Beurteilung: Die Sorte eignet sich aufgrund der Größe und des sehr guten Geschmacks vor allem für den Frischmarkt. Sie stellt eine gute Kombination von Fruchtgröße mit Scharkaresistenz dar.

Fruchtbeschreibung: Dunkelblau mit starker Bereifung, ovale Fruchtform, groß bis sehr groß, festes Fruchtfleisch mit guter Steinablösung, sehr guter Geschmack, harmonisch mit hohem Zuckergehalt.

Krankheiten/Schaderreger: Hochgradig scharkaresistent.

Ertrag: Früher Ertragseintritt, hohe und regelmäßige Erträge, gute Lagerfähigkeit.

Fruchteigenschaften:
Fruchtgröße (mm): 48,8
Fruchtfestigkeit (g/mm): 482
Steinanteil (%): 3–4
Steinlöslichkeit: mittel
Zuckergehalt (% Brix): 17
Zucker-Säure-Verhältnis: eher süß

Phänologische Daten:
Blühbeginn: mittel (M 4), selbstfruchtbar
Blühende: E 4
Ernte: M–E 8 (19.08.)

Jojo

Herkunft: 'Ortenauer' × 'Stanley', Universität Hohenheim 1981

Baum: Starker Wuchs, locker und breitkronig, mittlere Verzweigungsdichte, sehr guter Blattzustand.

Beurteilung: Selbstfruchtbare und leistungsstarke Sorte, die aufgrund ihrer Resistenz gut für Gebiete geeignet ist, in denen Scharka auftritt. Die Blüte ist allerdings spätfrostgefährdet und die Früchte färben sehr früh blau, sind aber physiologisch noch nicht reif. Es empfiehlt sich daher trotz Blaufärbung später zu ernten. Gute Eignung für Kuchen.

Fruchteigenschaften:
Fruchtgröße (mm): 43,9
Fruchtfestigkeit (g/mm): 438,4
Steinanteil (%): 3,8
Steinlöslichkeit: mittel
Zuckergehalt (% Brix): 19,0
Zucker-Säure-Verhältnis: eher säuerlich

Phänologische Daten:
Blühbeginn: (08.04.)
Blühende: mittelspät (18.04.)
Ernte: A 9 (04.09.)

Fruchtbeschreibung: Mittel- bis großfrüchtig, elliptisch, dunkelblau bis schwarzblau gefärbt, stark bereift, sehr attraktives Aussehen, Farbe des Fruchtfleisches hellgelb, festfleischig, saftig, geschmacklich eher säuerlich, starkes Aroma, um den guten Geschmack zu erreichen, sollten die Früchte allerdings nicht zu früh geerntet werden.

Krankheiten/Schaderreger: Gesunde und vitale Bäume, scharkaresistente Sorte, etwas anfällig für Holz- und Blütenfrost.

Ertrag: Sehr gute Erträge, hält lange am Baum und sollte nicht zu früh geerntet werden.

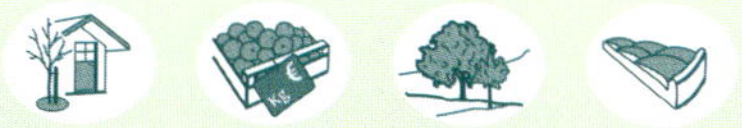

Jolina

Herkunft: 'Jojo' × 'Haganta', Universität Hohenheim

Baum: Mittelstarker Wuchs mit Neigung zur Bildung von Schossern.

Beurteilung: Sorte ist als Containerbaum nur über Mayfruit zu beziehen. Optisch gute, geschmacklich mittelmäßige Sorte. Eignung als Backzwetschge.

Fruchtbeschreibung: Optisch sehr attraktive Früchte, das Fruchtfleisch ist eher weich, geschmacklich mäßig.

Krankheiten/Schaderreger: Resistent gegenüber Scharka, wenig anfällig gegenüber Monilia.

Ertrag: Schwankende Erträge auf mittlerem bis gutem Niveau. Nur kurzzeitige Lagerung möglich.

Fruchteigenschaften:
Fruchtgröße (mm): 35
Fruchtfestigkeit (g/mm): 430
Steinanteil (%): 3–4
Steinlöslichkeit: mittel bis gut
Zuckergehalt (% Brix): 17
Zucker-Säure-Verhältnis: eher sauer

Phänologische Daten:
Blühbeginn: mittelspät (M 4)
Blühende: E 4
Ernte: M 9 (13.09.)

Katinka

Herkunft: 'Ortenauer' × 'Ruth Gerstetter', Universität Hohenheim, 1982

Baum: Aufrecht, mittelstark wachsend, lockere Verzweigungsdichte, mittlere Belaubungsdichte, sehr guter Blattzustand.

Beurteilung: Muss durchgepflückt werden, um gute Fruchtqualitäten zu erhalten. Zudem ist ein strenger Baumschnitt empfehlenswert. Scharkatolerante Sorte mit guten Backeigenschaften (trocken und festbackend), sehr gute Zwetschge für den Frischverzehr.

Fruchteigenschaften:
Fruchtgröße (mm): 36,5 mm
Fruchtfestigkeit (g/mm): 219,6
Steinanteil (%): 4,6
Steinlöslichkeit: sehr gut
Zuckergehalt (% Brix): 14,3
Zucker-Säure-Verhältnis: ausgewogen

Phänologische Daten:
Blühbeginn: A 4 (08.04.)
Blühende: M 4 (16.04.)
Ernte: frühe Sorte (20.07.)

Fruchtbeschreibung: Mittelgroße bis kleine Früchte, Fruchtform elliptisch, Farbe mittelblau, mittel bis stark bereift, gut steinlösend, sehr einheitliche Früchte mit ausgewogenem süß-saurem Geschmack und starkem Aroma.

Krankheiten/Schaderreger: Sehr gesundes Blatt, hochtolerant gegenüber Scharka, wenig Fruchtfäulen.

Ertrag: Mittleres Ertragsniveau, mindestens zwei Pflückdurchgänge notwendig.

Presenta

Herkunft: 'Ortenauer' × 'President', Universität Hohenheim, 1981

Baum: Breitwüchsig, sehr stark wachsend, sehr dicht verzweigt, hohe Belaubungsdichte, sehr vitaler Blattzustand.

Beurteilung: Sehr spätreifende Sorte, deren Früchte in der Form und in ihren Verwertungseigenschaften der bekannten Hauszwetschge (die allerdings sehr scharkaanfällig ist) ähneln. 'Presenta' hingegen ist scharkatolerant.

Fruchtbeschreibung: Mittelgroße bis kleine Früchte mit elliptischer Fruchtform, die Fruchtfarbe ist schwarzblau mit starker Bereifung, das Aussehen ist insgesamt sehr attraktiv, die Steine sind gut löslich, das Fruchtfleisch ist bernsteinfarben, der Geschmack ist gut mit ausgewogenem Verhältnis von Zucker und Säure.

Krankheiten/Schaderreger: Tolerant gegenüber Scharka, Früchte neigen bei Regen zum Platzen.

Ertrag: Mittleres Ertragsniveau.

Fruchteigenschaften:
Fruchtgröße (mm): 34,5
Fruchtfestigkeit (g/mm): 369,1
Steinanteil (%): 4,5
Steinlöslichkeit: gut
Zuckergehalt (% Brix): 23,4
Zucker-Säure-Verhältnis: ausgewogen

Phänologische Daten:
Blühbeginn: mittelfrüh (07.04.)
Blühende: M 4 (17.04.)
Ernte: E 9 (28.09.)

Redhaven

Herkunft: 'Halehaven' × 'Kalehaven', Michigan Agricultural Experimental Station in South Haven, USA, seit 1940 im Handel

Baum: Mittelstark bis stark wachsend, ausladende Krone, neigt etwas zur Verkahlung, muss daher immer kräftig zurückgeschnitten werden.

Beurteilung: Eine der wichtigsten Sorten mit guter Fruchtgröße, gutem Aroma und Geschmack. Muss regelmäßig geschnitten und ausgedünnt werden. Wertvolle gelbfleischige Sorte für alle Verwendungszwecke.

Fruchteigenschaften:
Fruchtgröße (mm): 55,4
Fruchtfestigkeit: mittel
Steingröße: mittel
Steinlöslichkeit: gut
Neigung zur Steinspaltung: gering
Zuckergehalt (% Brix): 13,2
Zucker-Säure-Verhältnis: ausgewogen

Phänologische Daten:
Blühbeginn: mittelfrüh (02.04.), selbstfruchtbar
Blühende: A 4 (10.04.)
Ernte: A 8 (05.08.)

Fruchtbeschreibung: Mittel- bis große Früchte, länglich runde Fruchtform, Fruchtfarbe orangegelb, Deckfarbe dunkelrot gesprenkelt, mittelstarke Behaarung, sehr attraktives Aussehen, das Fruchtfleisch ist orangefarben, leicht faserig, mittelsaftig mit ausgewogenem Zucker-Säure-Verhältnis und gutem Geschmack und starkem Aroma.

Krankheiten/Schaderreger: Gering bis mittel anfällig für Kräuselkrankheit, ausreichend frosthart.

Ertrag: Mittlerer bis sehr hoher Ertrag, Ausdünnung der überzähligen Früchte erbringt bessere Fruchtgrößen und gleichmäßigere Erträge.

South Haven

Herkunft: 1911 in South Haven Michigan, USA, gefunden, seit 1920 im Handel

Baum: Mittelstark bis stark wachsend.

Beurteilung: Eine sehr großfrüchtige Sorte mit gutem Aroma, mittlerem Geschmack und guter Steinlöslichkeit, robuste, vielseitig verwendbare Sorte, für den Hausgarten und Erwerbsobstbau.

Fruchtbeschreibung: Mittelgroße bis große Früchte, Fruchtform rund, Grundfarbe cremeweiß, Deckfarbe verwaschen rot, Oberfläche stark behaart, attraktives Aussehen, Fruchtfleischfarbe orange, das Fleisch ist leicht faserig, sehr saftig mit gutem Geschmack und starkem Aroma.

Krankheiten/Schaderreger: Mittel anfällig für Kräuselkrankheit, kaum anfällig für Monilia und Wespenfraß.

Ertrag: Mittleres bis hohes Ertragsniveau, regelmäßig, bei zu dichtem Besatz ausdünnen für bessere Fruchtgröße und Qualität.

Fruchteigenschaften:
Fruchtgröße (mm): 60,2
Fruchtfestigkeit: mittel
Steingröße: groß
Steinlöslichkeit: gut
Neigung zur Steinspaltung: sehr gering
Zuckergehalt (% Brix): 14,2
Zucker-Säure-Verhältnis: eher säuerlich

Phänologische Daten:
Blühbeginn: spät bis sehr spät (03.04.)
Blühende: M 4(11.04.)
Ernte: M–E 8 (20.08.)

Goldrich

Herkunft: 'Perfection' × 'Sunglo', USA

Baum: Sehr stark wachsend, steile und aufrechte Baumkrone, gut verzweigt.

Beurteilung: Sorte mit guter Fruchtgröße aber nur mittlerem Aroma und Geschmack, nur teilweise selbstfruchtbar ('Hargrand' ist als Befruchter geeignet), für Direktvermarktung und Hausgarten.

Fruchteigenschaften:
Fruchtgröße (mm): 48
Fruchtfestigkeit: mittel
Steingröße: sehr groß
Steinlöslichkeit: gut
Neigung zur Steinspaltung: gering
Zuckergehalt (% Brix): 19,2
Zucker-Säure-Verhältnis: eher säuerlich

Phänologische Daten:
Blühbeginn: sehr früh bis früh (19.03.)
Blühende: E 3 (29.03.)
Ernte: M 7 (19.07.)

Fruchtbeschreibung: Große Früchte, längliche Fruchtform, orangegoldene Farbe, hellrot gesprenkelte Deckfarbe, sehr attraktives Aussehen, gute Festigkeit, orangefarbenes Fruchtfleisch, mittlerer Geschmack mit mittlerem Aroma, deswegen etwas länger hängen lassen und nachlagern.

Krankheiten/Schaderreger: Anfällig für Winterfrost, keine Auffälligkeiten bezüglich Monilia und Wespenfraß, allgemein gesunde und robuste Sorte, robust gegenüber Scharka, etwas anfällig für Mehltau.

Ertrag: Relativ regelmäßige Ertragsbildung aufgrund des starken Blütenansatzes.

Hargrand

Herkunft: Versuchsstation Harrow, Kanada, seit 1972 im Handel

Baum: Stark wachsend, breite und kompakte Krone.

Beurteilung: Sorte mit guter Fruchtgröße, gutem Aroma und gutem Geschmack. Die Früchte können lange am Baum verbleiben, ohne dass sie mehlig werden. Wie alle Aprikosen anfällig für Winterfröste.

Fruchtbeschreibung: Große, feste Früchte mit guter Geschmacksqualität, Fruchtform eiförmig, orangegelb gefärbt, Deckfarbe hellrot gesprenkelt, attraktives Aussehen, auffallend kleiner, gut lösender Stein, mittlere Geschmacksqualität.

Krankheiten/Schaderreger: Scharkaempfindlich, wenig anfällig für Fäulnis.

Ertrag: 'Hargrand' ist eine relativ ertragssichere Standardsorte, sie muss für gute Geschmacksqualität nachgelagert werden.

Fruchteigenschaften:
Fruchtgröße (mm): 50,4
Fruchtfestigkeit: mittel
Steingröße: klein
Steinlöslichkeit: gut
Neigung zur Steinspaltung: sehr gering
Zuckergehalt (% Brix): 18,2
Zucker-Säure-Verhältnis: ausgewogen

Phänologische Daten:
Blühbeginn: sehr früh bis früh (20.03.), teilweise selbstfruchtbar
Blühende: E 3 (30.03.)
Ernte: E 7 (27.07.)

Arkadia

Herkunft: Russland, Sortenschutz Rebschule Schmidt

Pflanze: Mittelstarker Wuchs.

Beurteilung: Fast kernlose Sorte mit großen Trauben, sehr großen Beeren und gutem Geschmack. Die Krankheitsanfälligkeit ist gering bis mittel einzustufen. Behangausdünnung ist sowohl für eine gute Beerenqualität als auch eine ausreichende Holzausreife unbedingt nötig.

Fruchteigenschaften:
100-Beerengewicht (g): 860
Anzahl Kerne je Beere: 2,5
Traubenlänge (cm): 17,0
Traubengewicht (g): 639

Phänologische Daten:
Austrieb: mittel (25.04.)
Vollblüte: spät (30.06.)
Reifezeit: mittel, E 8–A 9, kurzes Erntefenster

Fruchtbeschreibung: Große verzweigte Traube mit kompaktem Aufbau und ansprechender Optik, Beerenfarbe gelbgrün, sehr große Einzelbeeren mit länglich ovaler Form, Kerne wenig störend, mittlere lockerbeerige bis kompakte Traube, der Geschmack ist süß und feinfruchtig mit leichtem Muskatton, für gute Qualitäten Fruchtausdünnung erforderlich.

Krankheiten/Schaderreger: Kaum anfällig für Echten und Falschen Mehltau sowie *Botrytis*.

Ertrag: Hoch, 6,2 kg je Stock.

Birstaler Muscat

Herkunft: 'Seyval blanc' × 'Bacchus', Schweiz, Sortenschutz Rebschule Freytag

Pflanze: Starker Wuchs, aufrechter Wuchstyp.

Beurteilung: Geschmacklich gut, optisch jedoch weniger, kleine Beeren, sehr gute Toleranz gegenüber Echtem und Falschem Mehltau, gute Frosthärte, die Beeren schrumpfen bei Überreife allerdings rosinenartig ein, für gute Qualitäten ist eine Ausdünnung erforderlich.

Fruchtbeschreibung: Traube mittelgroß, lockerbeerig, gelbgrüne Beeren, klein, optisch wenig attraktiv, rund, geschmacklich gut, feiner Muskatgeschmack, die Kerne werden als störend empfunden.

Krankheiten/Schaderreger: Sehr robuste Sorte gegenüber Echtem und Falschen Mehltau, anfällig für Verrieselung.

Ertrag: Mittel, zirka 3,3 kg je Stock.

Fruchteigenschaften:
100-Beerengewicht (g): 274
Anzahl Kerne je Beere: 3 bis 4
Traubengewicht (g): 245

Phänologische Daten:
Austrieb: keine Angaben
Vollblüte: keine Angaben
Reifezeit: mittel, E 8–A 9, langes Erntefenster

Fanny

Herkunft: Ungarn, Eger

Pflanze: Stark wachsend.

Beurteilung: Die Sorte zeichnet sich durch große Beeren, große Trauben sowie einen guten Ertrag aus. Nachteilig sind der nur mäßige Geschmack, der aber auch durch ungenügende Ausreife aufgrund der späten Erntezeit bedingt sein kann.

Fruchteigenschaften:
100-Beerengewicht (g): 405
Anzahl Kerne je Beere: 3,2
Traubenlänge (cm): 18,5
Traubengewicht (g): 606

Phänologische Daten:
Austrieb: mittel (23.04.)
Vollblüte: mittel (27.06.)
Reifezeit: spät, M–E 9 (29.09.)

Fruchtbeschreibung: Große verzweigte Traube, lockerbeerig, große Beeren, ovale Beerenform, grüne Beerenfarbe, stark beduftet, insgesamt sehr ansprechende Optik, Fruchtfleisch knackig, mittlerer Zuckergehalt, relativ viele Kerne, sehr gutes Fleisch-Kern-Verhältnis, dadurch Kerne nicht störend, geschmacklich besitzt die Sorte ein feines Aroma, insgesamt ist sie aber nur mäßig.

Krankheiten/Schaderreger: Tolerant gegen Echten und Falschen Mehltau, gute Frosthärte, bei Überreife *Botrytis*.

Ertrag: Mittel bis hoch, 5,1 kg je Stock.

Frumosa alba

Herkunft: 'Kara' × Seyve Villard 20-473, Moldawien, Sortenschutz Rebschule Schmidt, Obernbreit

Pflanze: Starker Wuchs.

Beurteilung: Ertragreiche Sorte mit großen Beeren, in denen die Kerne wenig störend wirken. Der Geschmack ist gut. Um optimale Fruchtqualitäten zu erzielen, sollte auch bei dieser Sorte Ausdünnung betrieben werden. Die Krankheitsanfälligkeit ist generell gering.

Fruchtbeschreibung: Grüne Beerenfarbe, mittelgroße lockerbeerige Traube, große Beeren, Kerne stören kaum, süß im Geschmack mit leichtem Muskatton, für gute Fruchtqualitäten ist eine Ausdünnung ratsam.

Krankheiten/Schaderreger: In kühleren Klimaten ist die Ausreife kritisch, etwas anfällig für Falschen Mehltau.

Ertrag: Hoch, ca. 6 kg je Stock.

Fruchteigenschaften:
100-Beerengewicht (g): 525
Anzahl Kerne je Beere: 2,9
Traubenlänge (cm): 14,5
Traubengewicht (g): 279

Phänologische Daten:
Austrieb: mittelfrüh (22.04.)
Vollblüte: mittel (24.06.)
Reifezeit: mittel bis spät (18.09.), M–E 9

Galanth

Herkunft: 'Solaris' × 'Muskat bleu', Weinbauinstitut Freiburg, Vermehrung Rebschule Schmidt

Pflanze: Kräftiger Wuchs.

Beurteilung: Schöne Tafeltraubensorte im frühen Reifesegment zu Beginn der Saison, nicht so verrieselungsanfällig wie Muscat bleu, bezüglich des Aromas jedoch nicht ganz so gut wie diese Sorte.

Fruchteigenschaften:
100-Beerengewicht (g): 290
Anzahl Kerne je Beere: 2,2
Traubenlänge (cm): 15,2
Traubengewicht (g): 334

Phänologische Daten:
Austrieb: früh (21.04.)
Vollblüte: früh (18.06.)
Reifezeit: früh, M–E 8 (27.08.)

Fruchtbeschreibung: Mittlere Beerengröße, dunkelblau, Kerne etwas störend, lockerbeerige Traube, geschmacklich gut mit feinem Muskatton, knackiger Konsistenz und ausgewogenem Zucker-Säure-Verhältnis.

Krankheiten/Schaderreger: Sehr robust gegenüber dem Echten und dem Falschen Mehltau, nicht so anfällig für Verrieselung wie 'Muscat bleu'.

Ertrag: Mittel, 3,5 kg je Stock.

Muscat bleu

Herkunft: (Seyve Villard 18–315 × 'Müller-Thurgau') × Seyve Villard 20–347, Schweiz, Synonym 'Aromato'

Pflanze: Starkes Wachstum, aufrechter Wuchstyp.

Beurteilung: Sehr ertragssichere und altbewährte Sorte, kaum Ausfälle durch Blütenfrost, hervorragender Geschmack durch intensive Muskatnote, Klassiker unter den Tafeltrauben, nachteilig ist in Jahren mit entsprechender Witterung die Anfälligkeit der Trauben zur Verrieselung.

Fruchtbeschreibung: Blau, relativ viele Kerne, mittlere Beerengröße, mittlere lockerbeerige Traube, geschmacklich sehr gut, würziger Muskatton, hoher Zuckergehalt, Kerne etwas störend.

Krankheiten/Schaderreger: Sehr robuste Sorte, tolerant gegenüber Echtem und Falschem Mehltau, gute Frosthärte, Verrieselung der Beeren bei schlechtem Blühwetter, dadurch zottelige Trauben, Beeren sind regenfest und wenig anfällig gegenüber *Botrytis*.

Ertrag: Mittel, 3,3 kg je Stock.

Fruchteigenschaften:
100-Beerengewicht (g): 350
Anzahl Kerne je Beere: 3,0
Traubenlänge (mm): 18,6
Traubengewicht (g): 209

Phänologische Daten:
Austrieb: mittel (25.04.)
Vollblüte: mittelfrüh (21.06.)
Reifezeit: früh bis mittel, E 8–A 9 (03.09.), langes Erntefenster

Palatina

Herkunft: Ungarn, Sortenschutz seit 1998 durch RS Freytag

Pflanze: Stark wachsend, aufrechter Wuchstyp.

Beurteilung: Optisch (gelb) und geschmacklich hervorragende Sorte (Muskatton), die aber eine konsequente Ausdünnung auf 1,5 Trauben je Trieb erfordert, sonst reifen die Beeren innerhalb der Traube ungleichmäßig, nachteilig ist die Neigung der Beeren zum Platzen und die damit verbundene Tendenz zum Befall mit *Botrytis*.

Fruchteigenschaften:
100-Beerengewicht (g): 335
Anzahl Kerne je Beere: 1,5
Traubenlänge (mm): 16
Traubengewicht (g): 290

Phänologische Daten:
Austrieb: mittel (23.04.)
Vollblüte: mittelfrüh (23.06.)
Reifezeit: mittel, E 8–A 9 (09.09.)

Fruchtbeschreibung: Goldgelb, mittel lockerbeerige bis kompakte Traube, ovale Beerenform, mittlere Beerengröße, Sorte optisch sehr ansprechend, sortentypisch gepunktet, Kerne kaum störend, süßer und fruchtiger Geschmack mit leichtem Muskatton, fest und knackig, hoher Zuckergehalt, für gute Qualitäten ist eine Fruchtausdünnung erforderlich.

Krankheiten/Schaderreger: Robust gegenüber Falschem Mehltau, mittel anfällig gegenüber echtem Mehltau, Ausfälle bei Frost, neigt bei Überreife zu *Botrytis*.

Ertrag: Mittel, ca. 3 kg je Stock.

Clery

Herkunft: 'Sweet Charlie' × 'Onebor', Baumschule Mazzoni, Italien, Consorzio Italiano Vivaisti

Pflanze: Stark wachsend.

Beurteilung: 'Clery' ist eine frühe Erdbeersorte. Aufgrund ihrer frühen Reife wird sie auch gern in Frühbeeten oder mit Folienabdeckung zur weiteren Verfrühung des Erntetermins angebaut.

Fruchtbeschreibung: Mittelgroß, ansprechende hellrote und glänzende Früchte, Fruchtform langgezogen kegelförmig, höher als breit, Kelch aufsitzend, Kelchblätter abstehend, leicht entkelchbar, festes und saftiges Fruchtfleisch mit feinzelliger Konsistenz und gutem Geschmack, geschmacklich tendenziell süß.

Krankheiten/Schaderreger: Allgemein robuste Sorte, etwas anfällig für *Xanthomonas*, *Botrytis* und Blütenfrost.

Ertrag: Mittelhoch, 85 % in der Handelsklasse 1, Ertragsverhalten regional unterschiedlich, in wärmeren Regionen höhere Erträge.

Fruchteigenschaften:
Sortieranteil > 30 mm (%): 76
Sortieranteil 25–30 mm (%): 9
Sortieranteil < 25 mm (%): 2
Ausfall (%): 13

Phänologische Daten:
Vollblüte: früh
Reife: sehr früh bis früh

Daroyal®

Herkunft: 'Elsanta' × 'Parker', Darbonne, Frankreich

Pflanze: 'Daroyal®' ist eine frohwüchsige, robuste Pflanze, die sich auch für den Nachbau eignet, die Pflanzen wachsen buschig mit mitteldichtem Laub, die Früchte befinden sich auf Ebene des Laubes.

Beurteilung: Bekannte robuste Frühsorte mit etwas dunklen glänzenden mittelgroßen Früchten. Der Geschmack ist mittel bis gut, der Ertrag sehr gut. Für den Handel sind die Früchte zu weich und zu dunkel.

Fruchteigenschaften:
Sortieranteil > 30 mm (%): 55
Sortieranteil 25–30 mm (%): 12
Sortieranteil < 25 mm (%): 13
Ausfall (%): 20

Phänologische Daten:
Vollblüte: früh
Reife: mittelfrüh

Fruchtbeschreibung: Mittelgroß, mäßig attraktive Früchte mit weinroter, glänzender Fruchtfarbe, die Fruchtform ist kurz und keilförmig, die Früchte sind eher höher als breit, die Fruchthaut ist sehr empfindlich, der Kelchsitz ist eben, die Kelchblätter sind anliegend, die Früchte sind leicht zu entkelchen, das Fruchtfleisch ist saftig und feinzellig, jedoch zu weich, der Geschmack ist gut mit mittlerem Aroma und ausgewogenem Zucker-Säure-Verhältnis.

Krankheiten/Schaderreger: Tolerante Sorte, besonders widerstandsfähig gegen *Verticillium*.

Ertrag: Hoch.

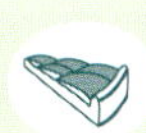

Darselect

Herkunft: 'Elsanta' × 'Parker', Darbonne, Frankreich

Pflanze: Stark wachsend, locker, aufrecht.

Beurteilung: Reift früh mit mittlerem Ertrag, bei Primärfrüchten treten teilweise deutliche Fruchtdeformationen auf.

Fruchtbeschreibung: Große bis sehr große Beeren, spitzkegelförmig bis herzförmig, mittelrot, Farbe glänzend bis matt, verliert schnell an Glanz, guter bis sehr guter Geschmack, ausgewogen, gute Aromabildung auch bei sehr warmer Witterung.

Krankheiten/Schaderreger: Tolerant gegenüber der schwarzen Wurzelfäule, mittel tolerant gegen Rhizomfäule, leicht anfällig für Mehltau, Spinnmilben und *Verticillium*, insgesamt sehr robust.

Ertrag: Mittel.

Fruchteigenschaften:
Sortieranteil > 30 mm (%): 69
Sortieranteil 25–30 mm (%): 9
Sortieranteil < 25 mm (%): 3
Ausfall (%): 19

Phänologische Daten:
Vollblüte: früh
Reife: früh

Elianny

Herkunft: 'Elsanta'-Klon × 'Kimberley', Vissers, Niederlande

Pflanze: Stark wachsend.

Beurteilung: Die Erträge dieser Sorte sind hoch, das Fruchtgewicht und die Sortierung gut, geschmacklich ist 'Elianny' eine der besten Sorten, deren Kultivierung problemlos ist.

Fruchteigenschaften:
Sortieranteil > 30 mm (%): 61
Sortieranteil 25–30 mm (%): 9
Sortieranteil < 25 mm (%): 3
Ausfall (%): 27

Phänologische Daten:
Vollblüte: mittel
Reife: mittel

Fruchtbeschreibung: Mittel- bis große Früchte, ansprechende hellrote Fruchtfarbe, die Farbe dunkelt etwas nach, matt bis glänzend, Fruchtform herzförmig, ebenso breit wie hoch, Kelchsitz plan, Kelchblätter abstehend, leicht entkelchbar, saftiges Fruchtfleisch mit mittlerer Festigkeit und feinzelliger Konsistenz.

Krankheiten/Schaderreger: Sehr robuste Sorte, bei der keinerlei Probleme aufgetreten sind.

Ertrag: Hoch, 70 % Anteil in der Handelsklasse 1.

Salsa

Herkunft: 'Polka' × 'Chandler', Plant Research International, Wageningen, Niederlande

Pflanze: Die Pflanzen wachsen schnell. Kennzeichnend sind die hellgrünen Blätter, die haarigen Blumenstiele und die einfache Rankenbildung.

Beurteilung: 'Salsa' überzeugt seit Jahren mit regelmäßig hohen Erträgen und sehr gesunden Beständen. Die Sorte ist aufgrund der späten Blüte und der geringen Anfälligkeit für Winterfrost auch für den Anbau in kälteren Regionen geeignet.

Fruchtbeschreibung: Mittelgroß, konisch und manchmal gefurcht, optisch wenig ansprechend, die Fruchtfarbe ist blutrot und leicht glänzend, die Fruchtform langgezogen kegelförmig, ebenso breit wie hoch, die Fruchthaut ist fest, der Kelch aufsitzend mit zurückgeschlagenen Kelchblättern, die Früchte sind schwer entkelchbar, das Fruchtfleisch ist saftig, aber weich, mit feinzelliger Konsistenz, der Geschmack nur mittel, wenig aromatisch, mit ausgewogenem Zucker-Säure-Verhältnis.

Krankheiten/Schaderreger: Beständig gegen die *Verticillium*-Welke, wenig anfällig für Mehltau (*Sphaerotheca macularis*) und für Rhizomfäule (*Phytophthora cactorum*).

Ertrag: Sehr hoch.

Fruchteigenschaften:
Sortieranteil > 30 mm (%): 90
Sortieranteil 25–30 mm (%): 4
Sortieranteil < 25 mm (%): 1
Ausfall (%): 5

Phänologische Daten:
Vollblüte: spät, geringes Spätfrostrisiko
Reife: mittel bis spät

Sonata

Herkunft: 'Polka' × 'Elsanta', Fresh Forward, Niederlande, 1998

Pflanze: Kräftiger Wuchs, mitteldichte Pflanzen, Mittelhochbusch, Blüten unter dem Laub.

Beurteilung: Sorte mit schöner Frucht, guter Sortierung, ansprechendem Geschmack und guten Erträgen, ist auch im ökologischen Anbau eine der Hauptsorten.

Fruchteigenschaften:
Sortieranteil > 30 mm (%): 65
Sortieranteil 25–30 mm (%): 17
Sortieranteil < 25 mm (%): 9
Ausfall (%): 9

Phänologische Daten:
Vollblüte: mittel
Reife: mittel

Fruchtbeschreibung: Mittelgroß, attraktiv blutrot gefärbt, glänzend, herzförmig, ebenso breit wie hoch, empfindliche Fruchthaut, Kelchsitz eben, anliegende Kelchblätter, Fruchtfleisch weich und saftig, feinzellig, guter Geschmack mit ausgeprägtem Aroma.

Krankheiten/Schaderreger: Weniger geeignet auf Nachbauböden, Probleme mit Wurzelkrankheiten, dunkelt nach.

Ertrag: Sehr hoch, 83 % der Früchte befinden sich in der Handelsklasse 1.

Vivaldi

Herkunft: Fresh Forward, Niederlande

Pflanze: Stark wachsend.

Beurteilung: Eine sehr beachtenswerte Sorte mit hohem Ertrag, sehr guter Sortierung, hervorragender Pflanzengesundheit, sowie gutem Geschmack und Aroma.

Fruchtbeschreibung: Die Früchte sind mittelgroß, die Fruchtfarbe ist ansprechend kardinalrot, die Fruchtform ist herzförmig und leicht glänzend, ebenso breit wie hoch, der Kelchsitz ist eben, die Kelchblätter stehen ab, die Früchte sind schwer zu entkelchen, das Fruchtfleisch ist saftig, feinzellig und mittelfest, der Geschmack ist gut mit mittlerem Aroma und einer deutlichen Säurenote, die Haltbarkeit der Früchte ist sehr gut.

Krankheiten/Schaderreger: Sehr robuste Sorte, tolerant gegen bodenbürtige Schaderreger, beständig gegen Rhizomfäule (*Phytophtora cactorum*), auch Fruchtfäule (*Botrytis cinerea*) ist unproblematisch.

Ertrag: Hohes Ertragspotenzial, 80 % Anteil in der Handelsklasse 1.

Fruchteigenschaften:
Sortieranteil > 30 mm (%): 63
Sortieranteil 25–30 mm (%): 17
Sortieranteil < 25 mm (%): 10
Ausfall (%): 10

Phänologische Daten:
Vollblüte: mittel
Reife: mittel

Yamaska

Herkunft: 'Malling Pandora' × 'Bogota', Kanada, 1989

Pflanze: Sehr starker Wuchs, mittelhoch.

Beurteilung: Sehr ertragreiche Sorte mit guter Pflanzengesundheit im ganz späten Reifesegement. Aufgrund der rein weiblichen Blüten benötigt sie einen Befruchter, z. B. die Sorte 'Florence'.

Fruchteigenschaften:
Sortieranteil > 30 mm (%): 80
Sortieranteil 25–30 mm (%): 5
Sortieranteil < 25 mm (%): 1
Ausfall (%): 14

Phänologische Daten:
Vollblüte: sehr spät, rein weibliche Sorte, Befruchtersorte notwendig
Reife: spät bis sehr spät

Fruchtbeschreibung: Großfrüchtig, kegelförmig rund, mittelrote und mittelattraktive Frucht, in den letzten Pflücken kleinere Früchte, symmetrisch, glänzend, geschmacklich mittel, bei übermäßigem Ansatz abfallend, aufgrund des eher säurebetonten Geschmacks und des mäßigen Aromas ist die Sorte bei mittlerer Fruchtfleischfestigkeit nur bedingt für die Direktvermarktung geeignet.

Krankheiten/Schaderreger: Sehr gesunde Sorte, tolerant gegenüber Mehltau und *Verticillium*, wenig rote Wurzelfäule, interessanterweise wird 'Yamaska' auch vom Erdbeerblütenstecher gemieden.

Ertrag: Hohe bis sehr hohe Ertragsleistung.

Invicta

Herkunft: ('Resistenta' × 'Rote Triumph') × 'Keepsake', England, seit 1980 im Handel

Pflanze: Starker und aufrechter Wuchs, etwas überhängend, für Heckenanbau sehr gut geeignet, meist einfach bewehrt, nur teilweise zwei- bis dreifach, Triebspitze freibleibend.

Beurteilung: Aufgrund der frühen Reifezeit einzige grünschalige Sorte mit Relevanz für den Erwerbsanbau. Die gute Widerstandsfähigkeit gegenüber Mehltau macht sie auch für den Anbau im Hausgarten interessant.

Fruchtbeschreibung: Große Beeren, elliptisch, hellgrün, am schwachen Fruchtholz kleiner, fehlende Bereifung, Flaumbehaarung gering, kurze und weiche Stachelborsten sind über die gesamte Frucht verteilt, Schale mittelfest, dünn bis mitteldick, geringe Platzneigung, guter Geschmack bei gut ausgebildetem Aroma.

Krankheiten/Schaderreger: Geringe Anfälligkeit für den Amerikanischen Stachelbeermehltau.

Ertrag: Sehr hoch, Ausschuss gering bis mittelhoch, Sortierung gut bis sehr gut.

Fruchteigenschaften:
Beerengewicht > 22 mm (g): 10,3
Anteil Früchte > 22 mm (%): 84

Phänologische Daten:
Austrieb: mittel (14.03.)
Vollblüte: mittel (14.04.)
Ernte: mittel, E 6 (25.06.)

Redeva

Herkunft: Sämlingsnachkomme von 'Eridana', Vater vermutlich 'Rote Triumph', Synonym 'Rote Eva', W. Grafmüller, Deutschland

Pflanze: Stark wachsend, halb aufrecht, für Heckenanbau geeignet, die Bewehrung mit Stacheln ist gering, die Stacheln sind einfach und kurz, meist ist nur die halbe Trieblänge besetzt.

Beurteilung: Eine sehr wohlschmeckende und robuste Sorte, die ideal für den Hausgarten ist. Aufgrund der ungünstigen Sortierung keine Sorte für den erwerbsmäßigen Anbau.

Fruchteigenschaften:
Beerengewicht > 22 mm (g): 7,4
Anteil Früchte > 22 mm (%): 30

Phänologische Daten:
Austrieb: mittel (15.03.)
Vollblüte: mittelspät (22.04.)
Ernte: mittel bis spät, E 6 (27.06.)

Fruchtbeschreibung: Mittel- bis groß, elliptisch bis umgekehrt eiförmig, Farbe dunkelrot, Bereifung gering, Flaum gering, ohne Stachelborsten, Schale fest, dünn bis mitteldick, Früchte sehr gut am Strauch haltbar, geschmacklich sehr gut, säuerlich schmeckende Schale.

Krankheiten/Schaderreger: Anfälligkeit für den Amerikanischen Stachelbeermehltau gering, ebenso für Blattfallkrankheiten.

Ertrag: Mittelhoch bis hoch, Ausschuss gering bis mittelhoch, Anteil großer Früchte gering.

Remarka

Herkunft: ['Keepsake' × ('Goldkugel' × *R. divaricatum*)] × 'Mauks Frühe Rote', Dr. Bauer, Deutschland

Pflanze: Schwach wachsend, kompakt, für Heckenanbau nicht geeignet, die Bewehrung mit Stacheln ist einfach, die Stacheln sind lang, die Triebspitze meist frei von Stacheln.

Beurteilung: 'Remarka' ist eine rotschalige Sorte im sehr frühen Reifesegment, da die Früchte sehr stark zum Aufplatzen neigen, ist eine zeitige Ernte angeraten, aufgrund der Robustheit eine sehr gute Sorte für den Hausgarten.

Fruchtbeschreibung: Große Beeren, rund bis breit elliptisch, dunkelrot mit leichtem Braunstich, Bereifung gering, ohne Flaumhaar und Stachelborsten, Schale mittelfest und dünn, sehr platzempfindlich, geschmacklich gut bis sehr gut mit ausgeprägtem Stachelbeeraroma.

Krankheiten/Schaderreger: Die Anfälligkeit gegenüber dem Amerikanischen Stachelbeermehltau ist gering.

Ertrag: Mittelhoch bis hoch, geringer Ausschuss, mittlerer bis hoher Anteil großer Früchte.

Fruchteigenschaften:
Beerengewicht > 22 mm (g): 8,9
Anteil Früchte > 22 mm (%): 80

Phänologische Daten:
Austrieb: früh (10.03.)
Vollblüte: mittel (12.04.)
Ernte: sehr früh, M 6 (15.06.)

Rokula

Herkunft: 'Mauks Frühe Rote' × mehltautoleranter Klon, Dr. Bauer, Deutschland

Pflanze: Schwaches bis mittelstarkes Wachstum, halb aufrecht, für den Heckenanbau geeignet, geringe Bewehrung mit kurzen bis mittellangen Stacheln.

Beurteilung: 'Rokula' ist eine frühe rotschalige und wohlschmeckende Sorte, die aufgrund ihrer hohen Mehltautoleranz sehr gut für den Anbau im Hausgarten geeignet ist.

Fruchteigenschaften:
Beerengewicht > 22 mm (g): 8,5
Anteil Früchte > 22 mm (%): 89

Phänologische Daten:
Austrieb: früh (22.02.)
Vollblüte: mittel (13.04.)
Ernte: früh, M 6 (18.06.)

Fruchtbeschreibung: Großfrüchtig, rund bis breit elliptisch, mittelrot mit leichtem Braunstich, geringe Bereifung, ohne Flaum und Stachelborsten, Schale weich bis mittelfest, dünn, mittelstarke Neigung der Früchte zum Platzen, sehr guter Geschmack und sehr gutes Aroma.

Krankheiten/Schaderreger: Geringe Anfälligkeit gegenüber dem Amerikanischen Stachelbeermehltau und der Blattfallkrankheit.

Ertrag: Gering bis mittelhoch, hoher Anteil großer Früchte.

Herbsthimbeere Autumn Bliss

Herkunft: Kreuzung aus mehreren Kultursorten, East Malling, England, 1983

Pflanze: Wüchsig, hohe Rutenanzahl, standfest, zur Ernte leicht überhängend, stark bewehrt.

Beurteilung: Alte Standardsorte bei den Herbsthimbeeren in der frühen Reifeperiode, nachteilig ist die mäßige Festigkeit und die begrenzte Haltbarkeit, durch Kulturtechnik (weniger Ruten) lässt sich die Beerengröße deutlich verbessern, empfehlenswert für die Direktvermarktung, Selbstpflücke und den Hausgarten.

Fruchtbeschreibung: Mittelgroß, dunkelrot, herzförmig bis rundlich, mittlere Festigkeit, leicht bereift, mittelgut zapfenlösend, gut pflückbar, geringer bis mäßiger Beerenzusammenhalt, säuerlich, mittleres bis gutes Aroma.

Krankheiten/Schaderreger: Wenig anfällig für Rutenkrankheiten, widerstandsfähig gegen Wurzelkrankheiten, anfällig für Spinnmilben, Früchte anfällig für *Botrytis*.

Ertrag: Hoch.

Fruchteigenschaften:
100-Beerengewicht (g): 340

Phänologische Daten:
Austrieb: 26.02.
Vollblüte: 16.07.
Reifezeit: frühe Herbsthimbeere, E 7

Sommerhimbeere Glen Ample

Herkunft: Komplex aus 'Glen Prosen' × 'Meeker' Scottish Crop Research Institute, Schottland

Pflanze: Mittelstarke und mittellange Ruten, nicht bewehrt, neigt zur Verkahlung.

Beurteilung: 'Glen Ample' ist eine ertragssichere und sehr ertragreiche Sorte, die für alle Vermarktungsformen und Anbausysteme geeignet ist; aufgrund der kräftigen und gesunden Bestandsbildung für den Anbau im Hausgarten empfehlenswert. Die Sorte ist aber anfällig für die Himbeerblattmilbe.

Fruchteigenschaften:
100-Beerengewicht (g): 550

Phänologische Daten:
Austrieb: 27.03.
Vollblüte: 27.05.
Reifezeit: mittelfrühe Sommerhimbeere, E 6–A 7

Fruchtbeschreibung: Sehr groß, himbeerrot, glänzend bis matt, herzförmig bis rund, gering bereift, feste Frucht und Fruchthaut, sehr gut haltbar, gut pflückbar, geschmacklich gut, typisches Aroma, harmonisch bis leicht säuerlich.

Krankheiten/Schaderreger: Gering bis mäßig anfällig für Rutenkrankheiten, anfällig für Himbeerblattmilbe, mittel anfällig für Wurzelkrankheiten und *Botrytis*; resistent gegen zwei Arten der Virusübertragung durch Läuse (Züchterinformation), anfällig für Wurzelfäule.

Ertrag: Hoch, regelmäßig.

Herbsthimbeere Himbo Top®

Herkunft: 'Autumn Bliss' × 'Himboqueen', P. Hauenstein, Schweiz, 1990

Pflanze: Mittlere Anzahl langer bis sehr langer Ruten mit vielen Seitentrieben, stark wüchsig, nicht bewehrt.

Beurteilung: Spät reifende Herbsthimbeere mit langer Erntedauer, eine Überdachung ist deshalb sinnvoll, hohe optische Fruchtqualität, die auch während der Vermarktung erhalten bleibt, die langen Ruten erfordern ein Erziehungsgerüst, wie es bei Sommersorten üblich ist, für alle Vermarktungswege und für den Hausgarten geeignet.

Fruchtbeschreibung: Mittelgroß bis groß, hell- bis mittelrot, leuchtend, glänzend, konisch, nicht ganz einheitlich, mäßige bis mittlere Festigkeit, mittelfeste Fruchthaut, sehr gering bereift, Frucht leicht zapfenlöslich, mittlerer angenehmer Geschmack, mäßiges bis mittleres Aroma.

Krankheiten/Schaderreger: Insgesamt robust, anfällig für *Botrytis*, wenig anfällig für Rutenkrankheiten, mittel anfällig für Wurzelfäule.

Ertrag: Hoch bis sehr hoch.

Fruchteigenschaften:
100-Beerengewicht (g): 380

Phänologische Daten:
Austrieb: 28.03.
Vollblüte: 15.07.
Reifezeit: spät reifende Herbsthimbeere

Sommerhimbeere Meeker

Herkunft: 'Willamette' × 'Cuthbert', Washington State, USA, 1967

Pflanze: Mittlere Anzahl langer bis sehr langer Ruten mit vielen Seitentrieben, stark wüchsig, nicht bewehrt, gute Regeneration, Fruchttriebe lang, knicken leicht in windigen Lagen.

Beurteilung: 'Meeker' ist eine altbekannte und bewährte Sorte, die Fruchtqualität ist hervorragend, sowohl für den Frischverzehr als auch die Verarbeitung zu Fruchtaufstrichen und zum Tiefgefrieren geeignet, Hausgarten und biologischer Anbau.

Fruchteigenschaften:
100-Beerengewicht (g): 330

Phänologische Daten:
Austrieb: 26.03.
Vollblüte: 29.05.
Reifezeit: mittelfrühe Sommerhimbeere, E 6–A 7, zusammen mit 'Glen Ample' reifend

Fruchtbeschreibung: Mittelgroß bis klein, dunkelrot, glänzend, kurzkegelförmig, feste Frucht und feste Fruchthaut, gut pflückbar, sehr haltbar am Strauch, guter Geschmack, intensives Aroma.

Krankheiten/Schaderreger: Gering bis mäßig anfällig für Rutenkrankheiten, widerstandsfähig gegen Wurzelkrankheiten, Früchte wenig anfällig für *Botrytis*.

Ertrag: Hoch, regelmäßig, früh einsetzend.

Herbsthimbeere Polka

Herkunft: 'Autumn Bliss' × *Rubus crataegifolius*, Züchtung von J. Danek, Brzezna, Polen

Pflanze: Mittelstarker Wuchs, mittlere Anzahl an Ruten, bewehrt, mittellange Ruten.

Beurteilung: Aufgrund der hervorragenden Qualität für alle Vermarktungsformen und den Hausgarten geeignet.

Fruchtbeschreibung: Mittelgroß, dunkelrot glänzend, Fruchtform konisch, einheitlich, fest, nicht bereift, intensiver guter Geschmack, aromatisch.

Krankheiten/Schaderreger: Etwas anfällig für Wurzelfäule, ansonsten robust.

Ertrag: Mittel bis hoch.

Fruchteigenschaften:
100-Beerengewicht (g): 370

Phänologische Daten:
Austrieb: 01.04.
Vollblüte: 15.07.
Reifezeit: mittelfrühe Herbsthimbeere

Sommerhimbeere Rubaca

Herkunft: 'Rutrago' × 'Latham', Züchtung von H. Schimmelpfeng, TU Weihenstephan, Deutschland

Pflanze: Mittelstark wachsend, nicht bis leicht bewehrt, gute Regeneration.

Beurteilung: 'Rubaca' ist eine wurzelfäuleresistente Sorte, sie bringt auch auf mit Wurzelfäule verseuchten Standorten noch eine gute Ertragsleistung, im Nachbau wächst sie aber schwächer, gut geeignet für den Anbau im Hausgarten.

Fruchteigenschaften:
100-Beerengewicht (g): 320

Phänologische Daten:
Reifezeit: späte Sommerhimbeere

Fruchtbeschreibung: Klein, mittel- bis dunkelrot, glänzend, kurzkegelförmig, mäßig fest, gut pflückbar, mittlerer Geschmack, mittleres Aroma.

Krankheiten/Schaderreger: Mäßig anfällig für Rutenkrankheiten, resistent gegen Wurzelfäule.

Ertrag: Mittel bis gering.

Sommerhimbeere Willamette

Herkunft: 'Newburgh' × 'Lloyd George', Züchtung aus Oregon, USA, 1936

Pflanze: Stark bis mittelstark wachsend, lange Ruten, stark bewehrt, gute Regeneration.

Beurteilung: Altbekannte, robuste Sorte mit langer Reifezeit, die Fruchtqualität ist gut, geeignet für den Frischverzehr, bedingt geeignet zum Tiefgefrieren, empfehlenswert für die Verarbeitung und den Anbau im Hausgarten.

Fruchtbeschreibung: Mittelgroß, am Ende der Erntesaison kleiner werdend, dunkelrot, kurzkegelförmig, gering bereift, fest, gut zapfenlöslich, mittelfest, guter Geschmack, aromatisch.

Krankheiten/Schaderreger: Wenig anfällig für Rutenkrankheiten, virustolerant, winterfrostfest, anfällig gegenüber Spinnmilben.

Ertrag: Mittelhoch bis hoch.

Fruchteigenschaften:
100-Beerengewicht (g): 280

Phänologische Daten:
Austrieb: mittel bis spät
Vollblüte: früh
Reifezeit: mittelfrühe Sommerhimbeere (4 Tage vor 'Meeker')

Loch Ness

Herkunft: Synonym 'Nessi®', 1988, SCRI7513D1 × SCRI74126RAB, Scottish Crop Research Institute, Schottland

Pflanze: Halb aufrecht wachsend, wüchsig, nicht bewehrt, bildet etwas zu wenig Ruten, dadurch nicht immer ausreichende Regeneration.

Beurteilung: Standardsorte im Erwerbsanbau, als früh reifende Sorte für alle Anbaugebiete empfehlenswert, bislang keine Ausfälle durch Winterfrost, sehr ertragssichere Sorte, zudem ist die Kulturführung der halb aufrecht wachsenden Ruten an der Hecke einfach.

Fruchteigenschaften:
100-Beerengewicht (g): 780

Phänologische Daten:
Austrieb: 29.04.
Vollblüte: 27.05.
Reifezeit: mittelspät, M 7, lange Erntedauer

Fruchtbeschreibung: Mittelgroß bis groß, schwarz, glänzend, trapezförmig, mittlere bis hohe Festigkeit, feste Beerenhaut, gute Transportfestigkeit, guter Geschmack, mittleres Aroma, vollreife Früchte sehr saftig.

Krankheiten/Schaderreger: Anfällig für Brombeerstauche, wenig anfällig für Frucht-*Botrytis*, Brombeermilbe, Rankenkrankheiten, mittlere Anfälligkeit für Sonnenschäden, hohe Anfälligkeit für Falschen Mehltau, Früchte gering bis mittel anfällig für *Botrytis*, gute Winterfrosthärte.

Ertrag: Hoch, regelmäßig.

Navaho

Herkunft: Ark 583 × Ark 631 (mehrere Kreuzungsstufen u. a. 'Thornfree', 'Cherokee', 'Darrow'), University of Arkansas, USA, 1989

Pflanze: Mittelstarker Wuchs, aufrecht wachsend, unbewehrt.

Beurteilung: Sorte mit mittlerem Ertragspotenzial in der mittleren Reifezeit, feste Früchte mit guter Haltbarkeit und aromatischem Geschmack, für alle Vermarktungswege, den Anbau im Hausgarten und den biologischen Anbau empfehlenswert.

Fruchtbeschreibung: Mittelgroß, schwarz, glänzend, trapezförmig, feste Frucht mit fester Fruchthaut, sonnenbrandempfindlich, guter Geschmack, ausgewogen, süß mit Säure und feinem Aroma.

Krankheiten/Schaderreger: Sehr gesund, resistent gegen *Cercosporella rubi*, widerstandsfähig gegen Anthraknose (*Elsinoe veneta*), anfällig für Rost (Züchterinformation); nicht so winterfrosthart wie 'Loch Ness'.

Ertrag: Mittel, wenig Ausfall.

Fruchteigenschaften:
100-Beerengewicht (g): 680

Phänologische Daten:
Austrieb: 19.03.
Vollblüte: 02.06.
Reifezeit: mittel, ab M 7, lange Erntedauer

Detvan

Herkunft: 'Jonkheer van Tets' × 'Heinemanns Spätlese', Bojnice, Slowakische Republik, Markteinführung 1985

Pflanze: Stark wachsend, Bodentriebe sehr kräftig, das optimale Fruchtholz ist mittellang und mittelstark, bei starkem Fruchtholz nimmt der Blütenbesatz vor allem zur Basis hin deutlich ab, langer Fruchtholzschnitt.

Beurteilung: Sehr ertragsstarke Sorte im mittelfrühen Reifesegment, für Heckenerziehung sehr gut geeignet.

Fruchteigenschaften:
100-Beerengewicht (g): 73,9
Traubenlänge (mm): 90
Traubengewicht (g): 14,1

Phänologische Daten:
Austrieb: mittelfrüh (14.03.)
Vollblüte: mittelfrüh (17.04.)
Reifezeit: mittelfrüh (05.07.)

Fruchtbeschreibung: Die Beeren sind mittelgroß und mittelrot, die Trauben lang mit langem Stiel, sie sind mitteldicht bis locker und mit ca. 25 Beeren besetzt, das Traubengewicht ist hoch, der Geschmack ist gut mit starkem Aroma.

Krankheiten/Schaderreger: Kaum anfällig für Blattkrankheiten, Säulenrost oder Mehltau.

Ertrag: Sehr hoch, die Neigung zur Verrieselung ist mittel bis hoch.

Jonkheer van Tets

Herkunft: Sämling von 'Fay's Fruchtbare', Holland (1931), seit 1941 im Handel

Pflanze: Mittelstark bis stark wachsend, für Heckenerziehung geeignet, bis zum Erreichen der Endhöhe ist das Ausbrechen der Blütenknospen an den Haupttrieben angeraten, kurzer Fruchtholzschnitt.

Beurteilung: Im frühen Reifebereich gibt es keine vergleichbare Sorte. Unter optimalen Bedingungen liefert diese alte Sorte ausgezeichnete Fruchtqualitäten und hohe Erträge.

Fruchtbeschreibung: Beere mittelgroß bis groß, mittelrot, Traube mittellang, locker bis mitteldicht mit ca. 12 Beeren von einheitlicher Größe besetzt. Traubengewicht mittel bis hoch, geschmacklich sehr gut, feinsäuerlich.

Krankheiten/Schaderreger: Die Frucht ist durch die dünne Beerenhaut etwas regenanfällig, eine Anfälligkeit gegenüber Blattfall, Rotpusteln, Glasflügler und Blasenläusen wird in der Literatur beschrieben.

Ertrag: Mittel bis hoch, aufgrund der frühen Blüte mittel bis hoch anfällig für Verrieselung.

Fruchteigenschaften:
100-Beerengewicht (g): 81,4
Traubenlänge (mm): 65
Traubengewicht (g): 9,6

Phänologische Daten:
Austrieb: früh (10.03.)
Vollblüte: früh (14.04.)
Reifezeit: sehr früh (25.06.)

Junifer

Herkunft: Sämling aus freier Abblüte von 'Fay's Prolific', Frankreich

Pflanze: Mittelstark wachsend, teilweise schwache Seitentriebbildung im oberen Drittel, für die Heckenerziehung geeignet, fruchtet am gesamten Trieb, beste Qualität am langen, mittelstarken Fruchtholz.

Beurteilung: Spätere Reife als 'Jonkheer van Tets', hinsichtlich der Fruchtqualität sehr interessante Sorte, konsequentes Ausschneiden und stete Fruchtholzrotation sind für eine gute Fruchtqualität unerlässlich.

Fruchteigenschaften:
100-Beerengewicht (g): 79,9
Traubenlänge (mm): 63
Traubengewicht (g): 8,7

Phänologische Daten:
Austrieb: früh (11.03.)
Vollblüte: früh (13.04.)
Reifezeit: früh (30.06.)

Fruchtbeschreibung: Die Beeren sind mittelgroß bis groß, mittel- bis dunkelrot, die Traube ist mittellang, locker bis mitteldicht mit ca. 12 Beeren einheitlicher Größe besetzt, das Traubengewicht ist mittelhoch, der Geschmack ist mildsäuerlich und gut.

Krankheiten/Schaderreger: Die Beeren sind wenig regenempfindlich, die Sorte ist anfällig für Blasenläuse und Mehltau.

Ertrag: Mittelhoch bis hoch, mittel bis stark anfällig für Verrieselung, insbesondere bei hohem Ansatz und ungünstiger Schnittführung.

Rolan

Herkunft: 'Jonkheer van Tets' × 'Rosetta', Holland (1963)

Pflanze: Aufrechter Wuchs, mittelstark bis stark, für Heckenerziehung sehr gut geeignet, bei über dreijährigen Gerüstästen lassen Fruchtbarkeit und Qualität deutlich nach, mittellanger bis langer Fruchtholzschnitt.

Beurteilung: Da die Sorte zur Vergreisung neigt, ist eine konsequente Fruchtholzrotation angeraten, bei optimaler Wasserversorgung erzielt diese Sorte außerordentliche Fruchtqualitäten.

Fruchtbeschreibung: Beere groß, hell- bis mittelrot, Traube lang mit sehr langem Stiel, mitteldicht besetzt mit ca. 16 Beeren, Traubengewicht hoch, die sehr langen Trauben bilden meist eine dicke Spindel aus und lösen dann schlecht, sonst leicht pflückbar, geschmacklich sehr gut und aromatisch.

Krankheiten/Schaderreger: Gering anfällig für Blattfallkrankheiten, Säulenrost und Mehltau.

Ertrag: Sehr hoch, Neigung zur Verrieselung mittelhoch, bei sehr hohem Fruchtansatz auch hoch.

Fruchteigenschaften:
100-Beerengewicht (g): 90,6
Traubenlänge (mm): 75
Traubengewicht (g): 14,2

Phänologische Daten:
Austrieb: mittelspät (22.03.)
Vollblüte: mittelspät (21.04.)
Reifezeit: mittel (06.07.)

Rotet

Herkunft: 'Jonkheer van Tets' × 'Heinemans Spätlese', Holland (1963), seit 1974 im Handel

Pflanze: Mittelstark wachsend, für Heckenerziehung geeignet, gute Garnierung am langen und mittelstarken Seitenholz, fruchtet über die gesamte Trieblänge hinweg, langer Fruchtholzschnitt.

Beurteilung: Alte Sorte im mittleren Reifesegment mit ansprechender Fruchtqualität bei geringer Verrieselungsneigung.

Fruchteigenschaften:
100-Beerengewicht (g): 71,7
Traubenlänge (mm): 74
Traubengewicht (g): 13,7

Phänologische Daten:
Austrieb: früh (12.03.)
Vollblüte: mittel (18.04.)
Reifezeit: mittel (11.07.), ca. 2 Wochen nach 'Jonkheer van Tets'

Fruchtbeschreibung: Die Beeren sind mittelgroß und mittelrot, die Trauben mittellang bis lang und locker bis mitteldicht aufgebaut, sowie mit ca. 20 Beeren besetzt, die Beeren werden zur Spitze hin kleiner, das Traubengewicht ist hoch, geschmacklich ist diese Sorte mittel, mit weicher Beerenhaut, die Samen stören etwas.

Krankheiten/Schaderreger: Keine Krankheiten bisher aufgetreten, eine robuste Sorte, bei der bisher auf der Versuchsstation weder Mehltau- noch Blattfallsymptome aufgetreten sind, die Früchte sind wenig regenanfällig.

Ertrag: Mittelhoch bis hoch, Verrieselungsneigung gering.

Rovada

Herkunft: 'Fay's Fruchtbare' × 'Heinemanns Spätlese', Holland (1968)

Pflanze: Stark bis mittelstark wachsend, für die Hecke geeignet, bleistiftdünne Triebe bringen die beste Qualität, an dünneren Trieben sind die Beeren kleiner und die Trauben kürzer, beste Qualität an Verzweigungen erster Ordnung, langer Fruchtholzschnitt.

Beurteilung: 'Rovada' ist die derzeitige Standardsorte im späten Reifesegment, sie ist für die Produktion von Tafel- oder Industrieware, für die Einlagerung und für die Ernteverspätung geeignet.

Fruchtbeschreibung: Die Beeren sind groß und mittelrot, die Trauben sind lang und mitteldicht und mit meist 21 (teilweise bis zu 30) Beeren recht einheitlicher Größe besetzt, das Traubengewicht ist sehr hoch, der Geschmack ist mittel bis gut und säuerlich.

Krankheiten/Schaderreger: Gering anfällig für Blattkrankheiten, Säulenrost und Mehltau.

Ertrag: Sehr hoch, die Neigung zur Verrieselung ist je nach Fruchtansatz gering bis mittelstark ausgeprägt.

Fruchteigenschaften:
100-Beerengewicht (g): 83,8
Traubenlänge (mm): 86
Traubengewicht (g): 18,3

Phänologische Daten:
Austrieb: mittelspät (21.03.)
Vollblüte: sehr spät (21.04.)
Reifezeit: spät (18.07.), ca. 4 Wochen nach 'Jonkheer van Tets'

  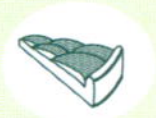

Ceres

Herkunft: Freie Abblüte der Selektion S/26 (*Ribes dikusche* × 'Barchatnaja'), Skierniewice, Polen

Pflanze: Schwach bis mittelstark, auseinanderfallend, bildet feine Triebe, Heckenanbau ist möglich.

Beurteilung: Sehr frühe, für die Handpflücke geeignete Sorte, die gering verrieselt, aufgrund der Robustheit gut für den Hausgarten geeignet.

Fruchteigenschaften:
100-Beerengewicht (g): 117,9
Traubenlänge (mm): 72
Traubengewicht (g): 7,6

Phänologische Daten:
Austrieb: mittel (06.04.)
Vollblüte: früh (16.04.)
Reifezeit: früh (01.07.)

Fruchtbeschreibung: Die Beeren sind groß und glänzend, die Trauben sehr lang und mit 3 bis 12 (im Durchschnitt 7,0) Beeren einheitlicher Größe besetzt, das Traubengewicht ist hoch, der Geschmack ist mittel mit wenig Aroma, die Säurewerte sind hoch.

Krankheiten/Schaderreger: Auf Gallmilbentoleranz gezüchtete Sorte mit hoher Widerstandsfähigkeit gegenüber Mehltau, mittlere Anfälligkeit für Rost, mittel anfällig für Blattfallkrankheiten.

Ertrag: Mittelhoch, trotz früher Blüte geringe Verrieselungsneigung.

Chereshneva

Herkunft: Synonym ‘Neva®’, Kreuzungspartner nicht benannt, Ukraine (Vertrieb Lubera)

Pflanze: Mittelstark wachsend, straff aufrecht, für Heckenanbau geeignet.

Beurteilung: Sorte mit sehr ansprechender Fruchtqualität, die für die Handpflücke geeignet ist, durch den guten Geschmack und die hohe Toleranz gegenüber Schaderregern sehr gut für den Hausgarten geeignet.

Fruchtbeschreibung: Beere sehr groß, matt, Traube mittellang, mit 3 bis 14 (im Durchschnitt 8,2) Beeren mitteleinheitlicher bis einheitlicher Größe besetzt, Traubengewicht hoch, Traubenstiel lang, zu einem großen Teil werden auch Einzeltrauben ausgebildet, die Traubenspindel löst mittelgut, geschmacklich mild bis süß, aromareich, Säurewerte gering bis mittelhoch.

Krankheiten/Schaderreger: Hohe Toleranz gegenüber Echtem Mehltau und Blattfallerkrankung, soll eine hohe Toleranz gegenüber Gallmilbenbefall aufweisen.

Ertrag: Mittelhoch bis hoch, Abreife einheitlich, Verrieselungsneigung mittelhoch bis hoch.

Fruchteigenschaften:
100-Beerengewicht (g): 149,1
Traubenlänge (mm): 43
Traubengewicht (g): 9,4

Phänologische Daten:
Austrieb: mittel (09.03.)
Vollblüte: früh (16.04.)
Reifezeit: mittelfrüh (03.07.)

Ometa

Herkunft: 'Westra' × mehltautoleranter Sämling, Deutschland (1980), seit 1990 im Handel

Pflanze: Wuchs mittelstark bis stark, aufrecht, für die Erziehung als Hecke geeignet.

Beurteilung: 'Ometa' ist eine Hauptsorte im Anbau von Tafelware.

Fruchteigenschaften:
100-Beerengewicht (g): 90,2
Traubenlänge (mm): 48
Traubengewicht (g): 6,2

Phänologische Daten:
Austrieb: mittel (14.03.)
Vollblüte: mittel (21.04.)
Reifezeit: mittel (03.07.)

Fruchtbeschreibung: Beere mittelgroß bis klein, glänzend, Traube mittellang, mit 2 bis 13 (im Durchschnitt 7,8) Beeren besetzt, Traubengewicht mittelhoch, Stiel mittellang bis lang, meist 2 bis 4 Trauben je Knospe, Traubenstiel leicht lösend, geschmacklich sehr gut, süß und mild, aromatisch.

Krankheiten/Schaderreger: Gering anfällig für Echten Mehltau und Blattfall, geringe Anfälligkeit für Gallmilben und Säulenrost.

Ertrag: Mittelhoch, einheitliche Abreife, Neigung zur Verrieselung mittelhoch.

Titania

Herkunft: 'Altaskaja Desertnaja' × ('Consort' × 'Kajaanin Musta'), Schweden

Pflanze: Stark wachsend, mittelaufrecht bis aufrecht.

Beurteilung: Hochertragssorte für die industrielle Verarbeitung, problematisch ist mittlerweile die Anfälligkeit für Gallmilben zu sehen, auf mittleren Standorten sehr gute Fruchtbarkeit, auf wüchsigen Standorten kann die Fruchtbarkeit unter dem starken Wachstum leiden.

Fruchtbeschreibung: Beere sehr groß, matt, Traube mittellang, mit 2 bis 12 (im Durchschnitt 6,4) Beeren mit einheitlicher Größe besetzt, Traubengewicht mittelhoch, Stiel mittellang, Trauben in Büscheln, meist 2, oft auch 3 Beibeeren, Stiel löst gut, geschmacklich mittel, säurebetont, Säurewerte mittelhoch.

Krankheiten/Schaderreger: Hohe Toleranz gegen Mehltau, Blattfall und Säulenrost.

Ertrag: Hoch bis sehr hoch, Abreife einheitlich, Verrieselungsneigung gering.

Fruchteigenschaften:
100-Beerengewicht (g): 133,4
Traubenlänge (mm): 47
Traubengewicht (g): 6,7

Phänologische Daten:
Austrieb: mittel (13.03.)
Vollblüte: mittel (22.04.)
Reifezeit: spät (05.07.)

Bluecrop

Herkunft: ('Jersey' × 'Pioneer') × ('Stanley' × 'June'), USA, 1952

Pflanze: Sehr wüchsig bei ausreichender Nährstoffversorgung, 1,60 bis 1,80 m hoch; aufrecht wachsend, bei vollem Behang auseinander fallend, frosthart.

Beurteilung: Standardsorte im Erwerbsanbau, hoher und regelmäßiger Träger, frosthart und relativ unempfindlich gegen Trockenheit, geringe Ansprüche an den Boden, für alle Vermarktungswege, die Verarbeitung, den biologischen Anbau und den Kleingartenbereich.

Fruchteigenschaften:
100-Beerengewicht (g): 200

Phänologische Daten:
Austrieb: 06.03.
Vollblüte: 29.04.
Reifezeit: mittel

Fruchtbeschreibung: Großfrüchtig, runde, hellblau bereifte Beeren, fest, empfindliche Beerenhaut, lange, lockere Trauben, guter Geschmack, mild.

Krankheiten/Schaderreger: Frostfest, robust gegen Krankheiten und Wassermangel im Boden, leicht anzubauen, etwas anfällig gegenüber Anthraknose.

Ertrag: Hoch, regelmäßig.

Duke

Herkunft: ('Ivanhoe' × 'Earliblue') × 192-8 (E-30 × E-11), USA, 1985

Pflanze: Mittelstark wachsend, breiter Busch; starker Schnitt notwendig, sonst schnelles Vergreisen der Pflanzen.

Beurteilung: Früh reifende Sorte mit guter Festigkeit, Früchte gut haltbar, kompakte Abreife mit hoher Pflückleistung, geeignet für die maschinelle Ernte, aufgrund der späten Blüte wenig frostgefährdet, reagiert empfindlich auf hohe pH-Werte und Staunässe, für alle Vermarktungsformen, den Bioanbau und den Hausgarten geeignet.

Fruchtbeschreibung: Groß, hellblau bereift, sehr ansprechend, feste Beere mit fester Beerenhaut, dadurch gut haltbar, mittlerer bis guter Geschmack.

Krankheiten/Schaderreger: Aufgrund der festen Beerenhaut wenig anfällig für Anthraknose, anfällig für Wurzelfäule (bei Staunässe).

Ertrag: Mittel, regelmäßig.

Fruchteigenschaften:
100-Beerengewicht (g): 200

Phänologische Daten:
Austrieb: 07.03.
Vollblüte: 27.04.
Reifezeit: früh

Lara®

Herkunft: Selektion aus der Sorte 'Payne', Synonym 'Pieral', wichtige Hauptsorte in Frankreich

Baum: Für Walnussbäume sehr schwach wachsend, sehr gut verzweigt, kleine runde Baumkrone, viele kurze Fruchtzweige.

Beurteilung: Außerordentlich ertragreiche und sehr gesunde Sorte, die am ehesten der Forderung nach schwach wachsenden Bäumen gerecht wird, aufgrund der Herkunft ist der Wärmebedarf als hoch einzustufen (Weinbauklima).

Eigenschaften Nuss (getrocknet)
Gewicht mit Schale (g): 14,8
Kerngewicht (g): 7
Kernanteil (%): 47,3
Länge (mm): 36
Breite an der Naht (mm): 37
Kraftaufwand Knacken: hoch
Lösbarkeit Kern: gut, ganz aus Schale

Phänologische Daten:
Austrieb: mittel
Blütezeit: mittel (männliche Blüten weit vor den weiblichen Blüten)
Ernte: mittelspät (M–E 9)

Fruchtbeschreibung: Sehr große Nüsse (mit großer Schwankungsbreite), eher breit als lang (sortentypisch „bulliges“ Aussehen), plateauförmiger Stielansatz, fällt sehr sauber aus der grünen Hülle, wenig gefurchte Nuss, schöne Nusskerne mit schöner Farbe, Geschmack mild nussig, geschmacklich eine der besten Nüsse.

Krankheiten/Schaderreger: Gering anfällig für Blattfleckenkrankheiten, kaum Ausfall durch schwarze Nüsse, kein Schimmel an den Nusskernen, obwohl nach der Trocknung der Stielansatz offen ist, sehr gesunde Bäume.

Ertrag/Lagereignung: Außerordentlich hohe Erträge, sehr rascher Ertragsbeginn, regelmäßig, nach der Trocknung gut lagerfähige Nüsse.

Mars

Herkunft: Zufallssämling aus Zelesice bei Brno (Brünn) in Tschechien, Selektion, Eltern nicht bekannt

Baum: Stark wachsend, gut verzweigt, schöne landschaftsprägende Bäume.

Beurteilung: Sehr gut schmeckende Sorte, die sich in den letzten Jahren auch unter verschiedensten klimatischen Bedingungen als widerstandsfähig gegenüber Frost und vor allem extrem robust gegenüber Blattfleckenkrankheiten gezeigt hat, auch für kühlere Lagen und als landschaftsprägender Solitärbaum geeignet.

Fruchtbeschreibung: Großfrüchtig, Nuss mit typischer langer Spitze, Schalenfarbe sandgelb, Schalenoberfläche glatt, leicht zu reinigen, Nüsse fallen relativ schmutzig aus der grünen Hülle, da die Hüllfäden kleben bleiben und antrocknen, ohne nachfolgende Reinigung ergibt sich dadurch eine fleckige Optik, Nussschale sehr dünn, lässt sich auch von Hand leicht knacken oder über die Nahtstelle öffnen, Kern fällt ganz aus der Schale, glatte leicht glänzende Kernhaut, geschmacklich sehr gut, mild und angenehm nussig.

Krankheiten/Schaderreger: Sehr robust gegenüber Blattflecken, auch in extremen Befallsjahren sehr gesundes Laub, nahezu kein Fruchtausfall durch schwarze Nüsse, robust gegenüber Spätfrost.

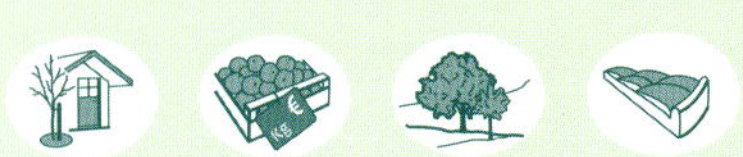

Ertrag/Lagereignung: Mittleres Ertragsniveau, nach Trocknung problemlos lagerfähig.

Eigenschaften Nuss (getrocknet)
Gewicht mit Schale (g): 13,7
Kerngewicht (g): 6,7
Kernanteil (%): 49
Länge (mm): 43,5
Breite an der Naht (mm): 34,2
Kraftaufwand Knacken: gering
Lösbarkeit Kern: sehr gut, ganz aus Schale

Phänologische Daten:
Austrieb: spät bis mittelspät
Blütezeit: spät (männliche und weibliche Blüten gleichzeitig)
Ernte: früh (A 9)

Nr. 26

Herkunft: Geisenheim/Rüdesheim, Deutschland

Baum: Stark wachsend, im Alter großkronige locker aufgebaute Bäume, die auch als Solitär geeignet sind.

Beurteilung: Setzt ohne Bestäubung/Befruchtung vollkernige Nüsse an (Apomixis), als landschaftsprägender Streuobstbaum geeignet.

Eigenschaften Nuss (getrocknet)
Gewicht mit Schale (g): 9,5
Kerngewicht (g): 3,8
Kernanteil (%): 40
Länge (mm): 3,9
Breite an der Naht (mm): 2,9
Kraftaufwand Knacken: mittel
Lösbarkeit Kern: mittel

Phänologische Daten:
Austrieb: spät bis sehr spät
Blütezeit: spät
Ernte: Spät (E 9)

Fruchtbeschreibung: Mittelgroße Nüsse, Schale glatt, sehr sauber, Nüsse lösen schlecht aus der grünen Hülle, meist fällt die ganze Frucht ab und die Nuss muss aus der grünen Hülle am Boden gelöst werden, Nuss komplett geschlossen, sehr angenehmer nussiger Geschmack.

Krankheiten/Schaderreger: Gegenüber Blattfleckenkrankheiten außerordentlich robuste Sorte, hervorragende Pflanzengesundheit.

Ertrag/Lagereignung: Mittleres Ertragsvermögen, fruchtet regelmäßig, da die Sorte eine hochgradige Neigung zur Ausbildung von Apomixis hat (= Fruchtbildung ohne Befruchtung), nach Trocknung problemlos lagerfähig.

Nr. 120

Herkunft: Synonym 'Moselaner', Güls an der Mosel, Deutschland

Baum: Stark wachsend auf allen Standorten, groß- und breitkronig, lockerer Kronenaufbau.

Beurteilung: Aufgrund der hohen Erträge, der Fruchtqualität und der Anbaueignung für die meisten Standorte kann diese Sorte als die deutsche Hauptsorte im Erwerbsanbau bezeichnet werden. Aufgrund des starken Wuchses ist sie auch als landschaftsprägender Streuobstbaum geeignet.

Fruchtbeschreibung: Großfrüchtig, an der Basis abgestumpfte Nuss mit deutlicher Spitze, oval, dicke Nussschale, ungleichmäßig rau mit starker Furchung, gut geschlossen, bezüglich der Optik sehr ansprechende Nuss.

Krankheiten/Schaderreger: Mittel anfällig gegen Marssonina-Blattfleckenkrankheit und Bakterienbrand.

Ertrag/Lagereignung: Sehr gute Erträge auf den meisten Standorten, regelmäßig, nach Trocknung gut lagerfähig

Eigenschaften Nuss (getrocknet)
Gewicht mit Schale (g): 12,5
Kerngewicht (g): 5
Kernanteil (%): 40
Länge (mm): 43
Breite an der Naht (mm): 33
Kraftaufwand Knacken: sehr hoch
Lösbarkeit Kern: mittel

Phänologische Daten:
Austrieb: mittelspät bis spät
Blütezeit: mittelspät, männliche Blüten vor den weiblichen
Ernte: mittelspät (E 9)

Red Rief

Herkunft: Freie Abblüte aus der 'Roten Donaunuss' (Nr. 1239), Staatliche Lehr- und Versuchsanstalt für Wein- und Obstbau Weinsberg, Baden-Württemberg

Baum: Sehr schöner mittelstark wachsender Baum mit betonter Mitte.

Beurteilung: Sehr markante Sorte mit roten Nusskernen, die sich hervorragend für die optische Gestaltung von Desserts oder Weihnachtsplätzchen eignen, nachteilig ist die Anfälligkeit gegenüber Blattfleckenkrankheiten.

Eigenschaften Nuss (getrocknet)
Gewicht mit Schale (g): 12,5
Kerngewicht (g): 4,7
Kernanteil (%): 37
Länge (mm): 44
Breite an der Naht (mm): 30
Kraftaufwand Knacken: mittel
Lösbarkeit Kern: gut, ganz aus Nuss

Phänologische Daten:
Austrieb: früh
Blütezeit: weiblich früh, männlich mittel
Ernte: mittelspät (M–E 9)

Fruchtbeschreibung: Mittelgroße Nüsse, eiförmig spitz zulaufend, sandfarben, typische Kante an der Naht, entlang dieser kann die Nuss gut aufgebrochen und die Kerne können ganz entnommen werden (wichtig bei Verwendung als Dekoration), rote Färbung der Samenhaut! (hellrot bis dunkelrot), nicht so intensiv wie bei der 'Roten Donaunuss', dafür schmeckt diese Nuss deutlich besser, belegt in Verkostungen roter Nüsse immer den ersten Rang.

Krankheiten/Schaderreger: Mittel bis stark anfällig gegenüber den Blattfleckenkrankheiten, auch hoher Anteil schwarz gefärbter Nüsse.

Ertrag/Lagereignung: Mittleres Ertragsniveau, regelmäßiger Träger, getrocknet problemlos lagerfähig.

Halle'sche Riesennuss

Herkunft: Züchtung aus der 'Gunslebener Zellernuss', die C. G. Büttner zu Halle an der Saale 1788 herangezogen hat

Baum: Stark wachsender typischer Haselnussstrauch.

Beurteilung: Aufgrund der allgemeinen Robustheit und der Toleranz gegenüber dem Haselnussbohrer hat sich diese Sorte bereits auf vielen Biobetrieben und in den Hausgärten bestens bewährt.

Fruchtbeschreibung: Mittelgroß, stumpfkegelig, sehr gleichmäßig, Schalenfarbe braungestreift, der Schild (wo die Nuss in der Hülle sitzt) ist sehr groß und flach bis leicht gewölbt. Die Nuss bleibt stehen, wenn man sie auf den Schild stellt. Die Nussspitze ist grau-filzig. Die Hüllblätter sind kurz und ragen nicht über die Nuss hinaus. Sie umschließen die Nuss an der Basis und bis zur Hälfte dicht. Die Enden sind geschlitzt, öffnen sich und lassen das obere Ende der Nuss sichtbar werden. Die Nüsse stehen einzeln oder zu zweit im Fruchtstand

Krankheiten/Schaderreger: Halle'sche Riesen werden kaum vom Haselnussbohrer befallen. Die Sorte wächst auch noch in Höhenlagen und durch die späte Blütezeit trägt sie jedes Jahr.

Ertrag/Lagereignung: Hoch, regelmäßig, nach Trocknung gut lagerfähig.

Eigenschaften Nuss (getrocknet)
Gewicht mit Schale (g): 3,6
Kerngewicht (g): 1,3
Kernanteil (%): 43
Länge (mm): 24
Breite an der Naht (mm): 21
Kraftaufwand Knacken: sehr hoch
Lösbarkeit Kern: gut

Phänologische Daten:
Austrieb: mittel
Blütezeit: spät
Ernte: spät (M–E 9)

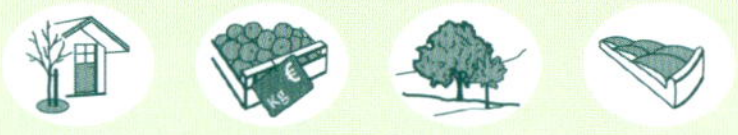

Service

Morphologische Fruchtmerkmale bei Apfel

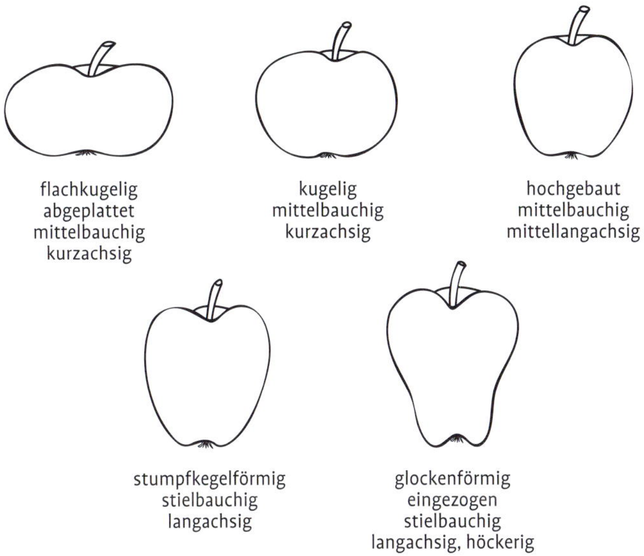

Grundformen der Fruchtform.

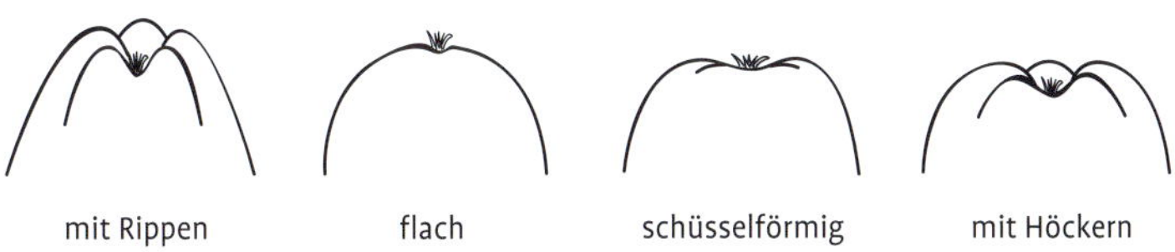

Formen der Kelchgrube.

Kelchsitz.

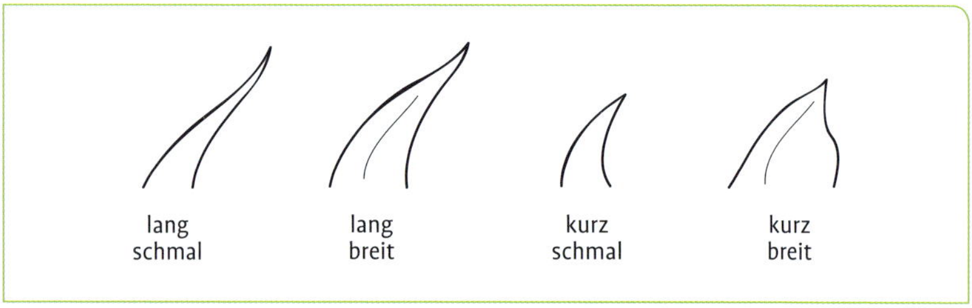

Formen der Kelchblätter.

Stand der Kelchblätter.

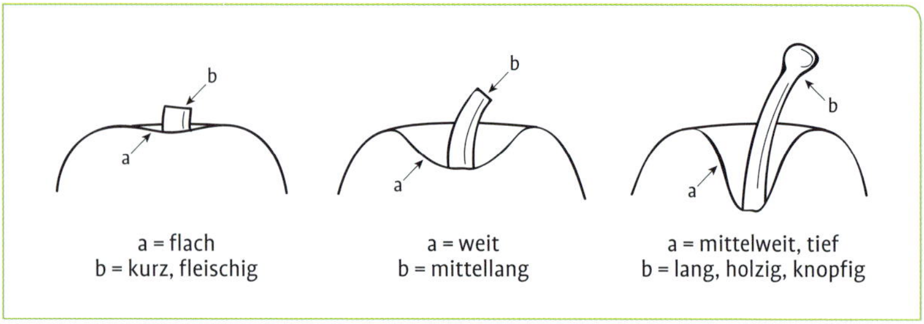

Ausprägung von Stielgrube (a) und Stiel (b).

Stärketabelle zur Bestimmung des optimalen Erntetermins bei Apfel

Mithilfe des Jod-Stärke-Testes nach Dr. Streif, der nachfolgend dargestellt ist, kann der optimale Erntetermin bestimmt werden.

1: Noch keine Stärke abgebaut

2: Beginnende Aufhellung innerhalb der Samenkammerzone

3: Samenkammerzone hell

4: Kernhauszone fast völlig aufgehellt

5: Kernhauszone hell, mit Ausnahme der Leitbündel

6: Kernhauszone hell, Aufhellungen gegenüber den Leitbündeln

7: Weitere Aufhellungen im äußeren Fruchtfleisch

8: Geringe Stärkespuren im äußeren Ring

9: Geringe Stärkespuren direkt unter der Schale

10: Schnittstelle stärkefrei

Bezugsquellen für Obstsortimente

Die beschriebenen Obstsorten sind meistens nicht in der Baumschule um die Ecke oder im nächstgelegenen Gartenfachmarkt zu beziehen. Die Ursache hierfür liegt darin, dass es sich bei diesen Sorten in der Regel um Neuzüchtungen handelt, die sortenrechtlich geschützt sind. Sortenschutz bedeutet, dass diese Pflanzen nur von bestimmten Baumschulen oder Zusammenschlüssen von Vermehrungsbetrieben vermehrt werden dürfen.

Im Folgenden sind einige Bezugsquellen aufgelistet. Die Übersicht ist jedoch bei weitem nicht vollständig und unterliegt einem jährlichen Wandel. Weitere Bezugsquellen sind im Internet zu finden.

Mag die Suche nach einer verfügbaren Sorte auch manchmal schwierig sein, so lohnt sich der Aufwand dennoch. Denn nur gesunde, robuste und für den Standort geeignete Pflanzen bereiten über viele Jahre hinweg Freude.

ARTEVOS GmbH
Obstneuheiten der Artus-Gevo-Group
Alte Karlsruher Straße 8
76227 Karlsruhe
Tel.: +49 (0)721-944807
Internet: www.artevos.de

Baumschule Horstmann, GmbH & Co. KG
Bergstraße 5
25582 Hohenaspe
Tel.: +49 (0)4892-8993400
Internet: www.baumschule-horstmann.de

Baumschule Anton Schott
Steuernbergstraße 2
79361 Sasbach am Kaiserstuhl
Tel.: +49 (0)7642-4291
Internet: www.nussspezialist.de

Gärtner Pötschke GmbH
Beuthener Straße 4
41564 Kaarst
Tel.: +49 (0)1805-861100
Internet: www.poetschke.de

HÄBERLI Fruchtpflanzen AG
Stocken
CH-9315 Neukirch-Egnach
Tel.: +41 (0)71-4747070
Internet: www.haeberli-beeren.ch

Heckmann GbR
Baumschule-Gartencenter
Bühlweg 3
74259 Widdern
Tel.: +49 (0)6298-92250
Internet: www.baumschule-heckmann.de

Kiefer Obstwelt GmbH
Allmendgrün 20
77799 Ortenberg
Tel.: +49 (0)781-9322500
Internet: www.kiefer-obstwelt.de

Obstmuttergarten Rheinland
Gesellschaft für Anzucht und Vertrieb von Vermehrungsmaterial im Obstbau mbH – Meckenheim
Im Siebenswinkel 20
53340 Meckenheim
Tel.: +49 (0)2225-8883955
Internet: www.obstreisergarten.de

Rebschule V & M Freytag GbR
Theodor-Heuss-Straße 78
67435 Neustadt an der Weinstraße
Tel.: +49 (0)6327-2143
Internet: www.rebschule-freytag.de

Rebschule Schmidt
Marktbreiter Straße 30
97342 Obernbreit
Tel.: +49 (0)9332-3452
Internet: www.rebschule-schmidt.de

Reiserschnittgarten Baden-Württemberg GmbH & Co. KG
Comburgstraße 31/1
74177 Bad Friedrichshall-Untergriesheim
Tel.: +49 (0)7136-964375
www.reiserschnittgarten.de

Weiterführende Literatur

BUCHTER-WEISBRODT, H. (1993): Obst – Die besten Sorten für den Garten. Verlag Eugen Ulmer, Stuttgart.

Bundessortenamt (2002): Beschreibende Sortenliste Strauchbeerenobst. Deutscher Landwirtschaftsverlag GmbH, Hannover.

FEUCHT, W., VOGEL, T., SCHIMMELPFENG, H., TREUTTER, D., ZINKERNAGEL, V. (2001): Kirschen- und Zwetschenanbau. Verlag Eugen Ulmer, Stuttgart.

LINK, H. (Hrsg., 2002): Lucas' Anleitung zum Obstbau. Verlag Eugen Ulmer, Stuttgart.

MÖLLER, O. (2006): Sortenbeschreibungen Steinobst. Eigenverlag der Staatlichen Lehr- und Versuchsanstalt für Wein- und Obstbau Weinsberg.

MUSTER, G. (2010): Entwicklungen im Himbeersortiment. Monatsschrift für Obst, Gemüse und Zierpflanzen 98 (4), 214–216.

MUSTER, G., LITTERST, M. (2011): Pflanzmaterial bei Strauchbeeren – vorhandene Reserven nutzen. Obstbau 36 (9), 492–494.

MUSTER, G., STROBEL, U., WEISSMANN, K., GERLACH, K. (2004): Sortenbeschreibungen Beerenobst. Eigenverlag der Staatlichen Lehr- und Versuchsanstalt für Wein- und Obstbau Weinsberg.

OLLIG, W. (2010): Anbau von Tafeltrauben. Verlag Eugen Ulmer, Stuttgart.

PFEIFFER, B. (2008): Testing of strawberry-varieties for organic cultivation. FÖKÖ: Proceedings Ecofruit Conference.

RUESS, F. (2007): Resistente und robuste Kernobstsorten. Eigenverlag der Staatlichen Lehr- und Versuchsanstalt für Wein- und Obstbau Weinsberg.

RUESS, F. (2012): Resistente Apfelsorten – Anbau im Garten. Obst & Garten 131 (1), 14–17.

RUESS, F. (2012): Resistente Apfelsorten – Säulenapfelbäume im Garten. Obst & Garten 131 (2), 56–57.

SCHUBERT, W. (2014): 10 Jahre Erdbeersortenversuche unter ökologischen Anbaubedingungen in Bamberg. Öko-Obstbau 3, 20–22.

Schweizer Obstverband (2012): Handbuch Beeren. Schweizer Obstverband (SOV) in Zusammenarbeit mit ACW und Biosuisse.

SILBEREISEN, R., GÖTZ, G., HARTMANN, W. (1996): Obstsortenatlas. Verlag Eugen Ulmer, Stuttgart.

TERLETH, J., RAIFER, B. (2006): Anbauversuche mit pilzwiderstandsfähigen Tafeltraubensorten. Obstbau Weinbau 43 (4), 123–124 (Fachmagazin des Südtiroler Beratungsrings für Obst- und Weinbau).

WURM, L., LAFER, G., KICKENWEIZ, M., RÜHMER, T., STEINBAUER, L. (2010): Erfolgreicher Obstbau. Österreichischer Agrarverlag, Wien.

Sortenregister

Bildquellen

Bundessortenamt Wurzen: S. 160
Espey, T.: S. 117, 127, 128, 131, 133, 134
LVWO Weinsberg: S. 118, 121, 123, 125, 135, 136, 137, 138, 142, 143, 148, 153, 154, 156, 157, 167, 169, 170, 171, 172, 173, 174, 175, 176
Muster, G.: S. 158, 159, 162, 164, 166, 177
Schulte, E.: S. 163
Volgenandt, S.: S. 146, 147, 149

Alle anderen Fotos wurden vom Autor zur Verfügung gestellt.

Die Zeichnungen fertigte Siegfried Lokau, Bochum-Wattenscheid, nach Angaben des Autors.

Bibliografische Information der Deutschen Nationalbibliothek
Die Deutsche Nationalbibliothek verzeichnet diese Publikation in der Deutschen Nationalbibliografie; detaillierte bibliografische Daten sind im Internet über http://dnb.d-nb.de abrufbar.

Wollgrasweg 41, 70599 Stuttgart (Hohenheim)
E-Mail: info@ulmer.de
Internet: www.ulmer-verlag.de
Lektorat: Dr. Angelika Jansen, Birgit Schüller
Herstellung: Silke Reuter
Umschlaggestaltung: Verlag Eugen Ulmer
Satz: pagina GmbH, Tübingen
Druck und Bindung: Firmengruppe APPL, aprinta druck, Wemding
Printed in Germany

ISBN 978-3-8001-0342-3